辣椒、茄子、番茄栽培关键问题解析

王迪轩　李亚荣　何永梅　主编

化学工业出版社
·北京·

内容简介

本书以图文并茂的形式，以菜农在辣椒、茄子、番茄实际生产中遇到的典型问题为主线，从品种和育苗、栽培管理、主要病虫草害防治三个方面，针对159个辣椒、茄子、番茄栽培中的关键问题，以问答方式逐一给出了具体的解决方案与技术要点，问题解析以300余幅高清彩图进行图示，使菜农一看就懂，一学就会。

本书适合广大菜农、蔬菜生产新型经营主体、农资经销商、基层农技人员阅读、参考。

图书在版编目（CIP）数据

辣椒、茄子、番茄栽培关键问题解析 / 王迪轩，李亚荣，何永梅主编. —北京：化学工业出版社，2021.12

ISBN 978-7-122-40017-8

Ⅰ.①辣… Ⅱ.①王…②李…③何… Ⅲ.①辣椒-蔬菜园艺-问题解答②茄子-蔬菜园艺-问题解答③番茄-蔬菜园艺-问题解答 Ⅳ.①S641-44

中国版本图书馆CIP数据核字（2021）第198799号

责任编辑：冉海滢　刘　军　　文字编辑：白华霞
责任校对：王　静　　装帧设计：关　飞

出版发行：化学工业出版社（北京市东城区青年湖南街13号　邮政编码100011）
印　　装：凯德印刷（天津）有限公司
880mm×1230mm　1/32　印张$6^1/_4$　字数189千字
2022年3月北京第1版第1次印刷

购书咨询：010-64518888　　售后服务：010-64518899
网　　址：http://www.cip.com.cn
凡购买本书，如有缺损质量问题，本社销售中心负责调换。

定　　价：39.80元

本书编写人员

主　编

王迪轩　李亚荣　何永梅

副主编

杨沅树　李江峰　李绪孟　康智灵　汪端华

参编人员

（按姓名汉语拼音排序）

郭　赛　郭向荣　何永梅　胡　为　黄卫民
康智灵　李江峰　李　琳　李慕雯　李　荣
李绪孟　李亚荣　欧迎峰　孙立波　谭　丽
汪端华　王迪轩　王雅琴　王佐林　徐　洪
徐军锋　徐军辉　杨沅树　张建萍

前言

随着抖音、快手、微信等一些以手机为载体的“快餐式”获取信息技术的快速发展，人们足不出户就能使一些问题得到解决，有关蔬菜栽培的信息与知识传播得越来越多、越来越广泛。

2020 年 2 月以来，编者在《湖南科技报》《长江蔬菜》《湖南农业》等一些媒体的组织下，通过报纸杂志为读者解析蔬菜生产中的难题。编者或通过“长江蔬菜”APP 远程“问诊、坐诊”；或通过微信、电话等回答本地菜农的问题；或通过下乡与菜农现场交流及联系请教专家，回答了各种蔬菜生产问题。一些典型问题的解析通过编者的精心整理，已发表在专业刊物，如《湖南农业》杂志社为编者开设的“微农诊间”专栏。

在此基础上，编者结合近年来的生产实际，整理了一系列鲜活的蔬菜栽培关键问题解析实例，并配以高清图片，形成本书系。对蔬菜生产上的操作以及病虫草害的识别，尽量多采用图片说明。对一些病虫草害的防治，一并提及有机蔬菜的防治方法。相信应为读者所欢迎。

本书以菜农在辣椒、茄子、番茄生产中遇到的典型问题为主线，结合编者多年来在基地与菜农的交流和观察，针对辣椒、茄子、番茄栽培中的 159 个关键问题，提供了具体的解决方案和技术要点，并配以 300 余幅高清彩图进行图示，使菜农一看就懂，一学就会。每一则问题和解析都是单独的，读者三五分钟就可以获得知识点。

本书在编写过程中，得到了赫山区科技专家服务团所有专家的大力支持，特别是湖南农业大学副教授、赫山区科技专家服务团团长李绪孟亲力亲为，服务赫山区蔬菜产业，并细心解答菜农的一些问题，在此深表谢意！

由于编者水平有限，难免存在疏漏之处，谨请专家同行和广大读者批评指正，欢迎来信与编者进行深入探讨（邮箱：wdxuan6710@126.com）。

王迪轩

2021 年 7 月

目录

第一章 辣椒栽培关键问题解析

第一节 辣椒品种和育苗关键问题

1.种植辣椒必须选用经审定通过后的品种

问：（现场）我种的100多亩（1亩≈666.7平方米）夏秋辣椒出现植株疯长、枝弱、开花少、结果少或基本不坐果，是七八月份的高温干旱导致的落花落果造成的，还是病虫害的缘故，或田间管理出现了问题呢？

答：该辣椒品种是通过邮寄从外省购买的，这是未审定通过的（图1-1）。犯了两个错误：一是购买了未经当地审定通过的辣椒品种，属品种引进错误（辣椒品种在某些省份是需要通过审定才能在当地推广应用的）；二是通过邮购，不是在本地经销商处购买的种子，因而索赔艰难。

图1-1 从外省引进的辣椒品种必须经过审定

种植户在购买种子时，最好在当地经销商或当地农业部门的推介下进行合理引种。当地经销商引进的新品种一般试种成功才会推介，万一出现本案的失收，可以直接找当地经销商，便于索赔。但作为生产销售该品种的外省某公司，跨省一次性邮寄大量辣椒新品种大面积推广，也有责任对种子的质量及适应性做适当的调研和严格检测，或委托当地农业技术推广部门进行必要的试种，且有向购买者做适当的告知、提示慎重选择新品种的义务，不能仅仅在包装袋上标注要求“种植户根据气候环境情况合理安排，否则造成损失不负经济责任”，这种单方面减轻自己义务而限制对方权利，加重对方义务的格式条款，从法律的角度上讲是对种子引进方无法律约束力的（有类似案例可查）。

2. 早春辣椒品种要根据消费者的习惯进行选择

问： 我想种点赚钱的早春辣椒品种，请问有哪些品种合适呢?

答： 辣椒的品种在蔬菜各种类中，应是国内最多的，就类型而言，有甜椒、羊角椒、泡椒、螺丝椒、线椒、朝天椒等，新品种年年有更新。因此，要具体到某个品种，要根据销售目的地消费者的习惯进行种植。例如，若有高消费群体，喜食微辣的，可以种植当地品种，如樟树港辣椒（图1-2）、兴蔬嫩辣等采收嫩辣椒的品种。一般群体，可以选用湘研15号、湘研21号、兴蔬205、兴蔬206、辣旋、软皮早秀（图1-3）等品种。若是销往港澳等地，一般要选用肉厚、辣味淡的品种，如158等。

图1-2　樟树港辣椒

图1-3　软皮早秀辣椒

3. 辣椒种子浸种催芽后出苗快而齐

问： 种子播了有半个月了，可一直不见出苗，扒开覆土，种子还没有死，是什么原因呢?

答: 这是由于越冬育苗时，播种时气温已较低，而又采用了播干籽的方法，地温低，湿度低，因而发芽慢。一般来讲，只有在播种时气温和床温较高时，才采用干籽直播（图1-4）。若播种时气温已降低，应先行浸种催芽。

图1-4　越冬育苗适时播种可播干籽

播前浸种催芽是保证辣椒出苗快而齐的一项关键措施。催芽主要是满足种子萌发时所需要的温度、氧气和湿度等重要条件。根据种子量的多少，可选择恒温培养箱、催芽室或催芽床、电灯制作的简易催芽纸箱、炉灶余热等催芽，或放在盛半瓶热水的保温瓶或发热的堆肥中催芽。少量种子也可用湿布包好，再包一层塑料薄膜，放在贴身衬衣袋里或孵鸡窝里催芽。保湿可采用潮湿的纱布、毛巾等将种子包好，包裹种子时使种子保持松散状态，以保证氧气的供给。

温度对催芽影响较大。辣椒种的催芽温度范围是25 ~ 35℃。由于种子成熟度和种子袋内温度及氧气分布不均，采用恒温催芽，种子萌芽往往不整齐，而且为了达到一定的发芽率，易出现部分长芽。因此，为了保证出苗壮而整齐，可进行变温催芽，即高低温交替催芽。通常辣椒种子采用变温催芽的高温是30 ~ 35℃，低温是20 ~ 25℃。每日进行一次变温催芽，高、低温处理的时间分别为10小时和14小时。变温催芽既能加快出芽速度，又能得到较好的芽苗质量。催芽过程中要注意调节湿度及换气。每隔4 ~ 5小时翻动种子一次，进行换气，并及时补充一些水分。种子量大时，每隔一天用温水洗种子一次。当有75%左右种子破嘴或露根时，应停止催芽，等待播种。

4.越冬辣椒苗严寒期要加强保温防冻管理

问: 12月份，天气变冷了，这几天看了基地的越冬辣椒苗，请问存在问题吗？应如何加强管理，搞好越冬期间保温、防冻等农事？

答: 大棚越冬冷床育苗是一项非常成熟的技术了，但生产上仍然存在一些问题。

一是对大棚膜的维护管理不到位。例如有些大棚膜存在破损情况，应及时修补（图 1-5），包括裙膜、大棚门上的膜等整个大棚膜都要修补好，防止冷风进入。

二是对大棚膜的质量好坏没有充足的认识。例如大多大棚膜破旧，透光性差，增温难。有些大棚或棚内的小拱棚采用的农膜，都是旧膜，且膜面污染严重（图 1-6），似盖了一层遮阳网，进一步降低了大棚的透光率。最好采用新膜，若是旧膜应清洁膜面，最大限度地增加透光率。

图1-5　辣椒越冬育苗修补大棚膜

图1-6　辣椒越冬育苗小拱棚改用新膜

三是有些大棚四周的排水沟过浅过窄。大棚四周的排水沟过浅过窄，不能及时排水，易导致大棚内积水，温度难以提升，且湿度大，容易发病。所以，一定要把大棚四周的排水沟加宽至 30 厘米以上，加深至 40 厘米以上，并与大的排水渠相通，做到及时排除雨水，防止积水。此外，大棚内的畦沟也要尽量深，一般保持畦沟深 20 厘米以上。

四是大棚膜的揭盖不及时。近段时间，时晴时雨，晴天，棚内升温快，地里水汽蒸腾，要适时先开大棚内的小棚，再开大棚门，逐步增加通风量，透除湿气，增加二氧化碳含量。下午适时盖棚保温。

12 月下旬至元月上旬，为一年中气温最低的时段，常有雨雪天气，当床温下降到超过秧苗能够忍耐的下限温度时，就会发生冻害，要提前做好预防。防止冻害的方法有：

一是进一步改进育苗方法。人工控温育苗（如电热温床和工厂化育苗等）是彻底解决秧苗受冻问题的根本措施。个别育苗户采用冷床育苗，目前仅在子叶期，要想越好冬，建议采取电热线、空气加温线、电炉、灯泡等多种加温保温措施。

二是增强秧苗抗寒力，避免秧苗徒长。低温寒流来临之前，尽量揭去覆盖物，让苗多见光和接受锻炼。在连续雨、雪、低温期间，也要尽可能揭掉草帘，每天至少有 1 ～ 2 小时让苗照到阳光。雨雪停后猛然转晴时，中午前后要在苗床上盖几块草帘，避免秧苗失水萎蔫。若床内湿度大，秧苗易受冻害。所以寒潮来临之前要控制苗床浇水。床内过湿的可撒一层干草灰。

三是合理施肥，增施磷钾肥，苗期使用抗寒剂。秧苗喷施 0.5% ～ 1% 的红糖或葡萄糖水，可增强其抗寒力。3 ～ 4 叶期喷施两次（间隔 7 天）0.5% 的氯化钙，可增强其抗冷性。也可叶面喷施碧护、芸苔素内酯、植物动力 2003、天达 2116、磷酸二氢钾等，以增强秧苗抗逆低温冻害能力。

四是保温防冻，寒潮期间要严密覆盖苗床。进行短时间通风换气时，要防止冷风直接吹入床内伤苗。夜晚要加盖草帘。也可将稻草外层枯叶撒在床内秧苗上，寒潮过后再清除。苗床上盖的草帘应干燥。下雪天停雪后，及时将雪清除出育苗场地。

已造成轻微冻害的苗可喷施营养液，配方是：绿芬威 2 号 30 克，加白糖 250 克、赤霉酸 1 克、75% 赤霉酸结晶粉 1 克、98% 萘乙酸钠（生根粉）0.3 克，兑水 15 升。

5. 辣椒越冬育苗要防止氨气害

问：（现场）大棚越冬辣椒苗叶片变白（图 1-7），有些茎基部坏死，请问这是什么情况？

图1-7　用含速效氮肥的有机肥配制营养土导致辣椒气害苗

答：这是氨气害引起的辣椒苗白化失水萎蔫。刚把棚一揭开，马上就能嗅到一股浓浓的刺鼻氨臭气味，这种一直把棚闭着保温的管理方法是不行的。根据了解的情况，在育苗时苗床施用的有机肥是不合格的，不是纯有机肥，里面加了速效氮肥（打开肥料袋可闻到刺鼻的氨味）。由于近段时间天气冷，一直闭棚，氨气挥发，闭棚时间过长，通风透气不足，棚内积累了较多的二氧化氮、氨气等有害气体。

生产中遇到这种情况，受害轻时，可采取勤通风等措施，特别是当发觉大棚内有特殊气味时，要立即通风换气。值得注意的是，以后在育苗培养土配制时，有机肥料应充分腐熟，不用挥发性强的氮素化肥，深施追肥，不地面追肥，如果在低温阶段进行人工加温，应选用含硫低的燃料加温等，以防止出现其他气害。

目前市场上的商品有机肥鱼龙混杂，俗话说“便宜无好货”（掺无机肥提高肥效），购买时一定要多留心。

6.辣椒育苗要防止盖土过浅出现“带帽苗”

问：辣椒出苗后不掉“帽”（图 1-8），请问怎么解决？

答：这种苗叫“带帽苗”，其发生的可能原因有：播种过浅或畦面表土过干；或采用了成熟度较差的种子以及陈种子播种；或是播了干籽；或是由于地温低，导致出苗时间延长；等等。

图1-8　辣椒带帽苗

这里的辣椒苗“带帽”，主要是盖土过浅的缘故，这种情况在生产上出现的较多。辣椒种子较小，顶土力比较弱，不易出苗，应适当覆土，适宜的覆土厚度为 0.5 ~ 1 厘米。覆土过浅，畦面表土容易失水变干燥，引起种子落干，即使不落干，种芽也容易顶着种壳出土，形成“带帽苗”。生产上一旦发现这种现象，应在种苗出土始期，向畦面均匀撒盖一层湿润土，使盖土厚达 0.5 厘米左右，以帮助种苗脱壳。

已经发生的，应在上午幼苗刚出土时，趁种壳湿润柔软时，用手或细枝条轻轻摘掉种壳，不可硬摘。

如果是由于表土干燥引起种苗“带帽”出土，应在种苗刚出土时，在畦面上撒一层细湿土帮助种子脱壳，或均匀喷洒一遍水，而后再覆盖一层土保湿防板结。必要时，在播种后覆盖无纺布、碎草保湿，使床土从种子发芽到出苗期间保持湿润状态。

此外，为了避免“带帽苗”现象，播种前应浇透底水，浸种催芽后再播种（因为干籽直播容易出现“带帽苗”），还应采用新种子播种，等等。

7. 大棚越冬辣椒苗要加强管理，防止出现小老苗

问： 辣椒苗差不多可以栽了，但有些辣椒苗只有10厘米左右高，表现出矮小、下部叶片掉落、顶部叶片黄化瘦小等现象（图1-9），不知是什么原因，如何防治？

图1-9　辣椒小老苗现象

答： 这种情况应是苗龄过长导致的辣椒小老苗现象，严重时可导致“花打顶”。苗龄时间长，基质肥料不足，肥力低下，尤其缺乏氮肥，或有时基质干旱未及时浇水，特别是大棚两侧的辣椒苗在越冬期间易因温度较低等综合因素而形成小老苗。

此外，定植后出现的小老苗表现为植株生长慢，甚至有些生长点上面的花都开了，主要是缓苗不好、肥料农药伤根、控旺过重等因素引起的。

辣椒小老苗又叫僵苗，是苗床土壤管理不良和苗床结构不合理造成的一种生理障碍。受害幼苗生长发育迟缓，苗株瘦弱，叶片黄小，茎秆细硬，并显紫色，虽然苗龄不大，但看似如同老苗一样，故称“小老苗”。对于这样的小老苗，重点在于“促”，打破各种限制营养生长的环境条件以及激素药物的限制，上促提头拔节，下促生根下扎，以尽快恢复植株的营养生长。在管理中应注意以下几点。

一是喷肥提苗。使用含腐植酸或氨基酸类促生根水溶肥搭配平衡型水溶肥或含铁、硼、锌微量元素水溶肥进行茎叶喷雾，提高辣椒苗的抗逆性，提高辣椒苗的长势，补充充足的营养。

二是促根防病。采用杀菌剂搭配甲壳素，促根防病。根系老化、吸水吸肥能力弱是小老苗存在的主要问题。小老苗木质化程度较高，浇水勤，植株生长加快，根茎部容易出现小裂口，一旦土壤中存在病原菌，病菌就会从裂口处侵染导致秧苗染病。因此，在浇第二水时，应随水冲施枯草芽孢杆菌等，并配合冲施甲壳素类生根剂，提高根系活性，促进根系生长，保证营养需求。

三是定植时摘除全部可见花朵。定植后长势缓慢的小老苗，如果有小老苗出现花蕾（或果实）的情况，要及时摘除全部可见花朵，以保证植株的营养生长。为促进小老苗的快速生长，缓苗后，要及时叶面喷施0.4% 芸苔·赤霉素水剂 800 ～ 1600 倍液等植物生长调节剂，或碧护、芸苔素内酯、海藻酸等叶面肥。

四是定植后勤浇水。与正常秧苗浇水不同，小老苗定植后浇水要勤，不要等到土壤干了再浇水。浇完定植水后，间隔 3 ～ 4 天浇第二水。之后，再连续浇几次水，加快缓苗。

8. 越冬辣椒苗长叶没有根是沤根现象，应加强管理

问： 大棚越冬辣椒苗叶片长得不快，似有缺肥症（图 1-10），拔出来一看，根系少，表皮呈锈褐色，有些已腐烂，不发新根，请问如何防治?

答： 这是大棚越冬培育蔬菜苗常容易发生的沤根现象，春提早栽培的瓜类蔬菜育苗也容易发生。沤根是一种生理病害，主要是由苗期管理不善、床土温度过低、浇水过量或连续阴雨湿度大、苗床通风不良、光照不足等引起的。如果采用的是低畦面苗床育苗，由于苗床通风效果比较差，长时间保持较高的湿度，更容易诱发苗期沤根等病；低畦面苗床容易发生积水，不利于秧苗的根系生长。辣椒秧苗在整个育苗期间，包括分苗后，沤根现象均有可能发生，解决办法主要是加强栽培管理。

一是选好地。要选择地势高燥、排水良好且向阳的地方作苗床。大棚的四周要挖好排水沟，防止苗床积水。

二是加强保温。苗床做好保温工作，防止冷风或低温侵袭，最好采

用电热线育苗，将苗床温度控制在16℃左右，以确保幼苗生长健壮。当沤根发生后，要及时松土并提高地温。

三是选天假植（图1-11）。假植时，要根据天气预报，确定有一周以上的连续晴天，以便缓苗，并尽早多组织人手，抢晴天及时定植。营养钵假植的，浇水要一次性浇透，因营养钵易漏水，难以从土壤中吸收水肥，因此水肥管理较营养块假植等相对要勤。

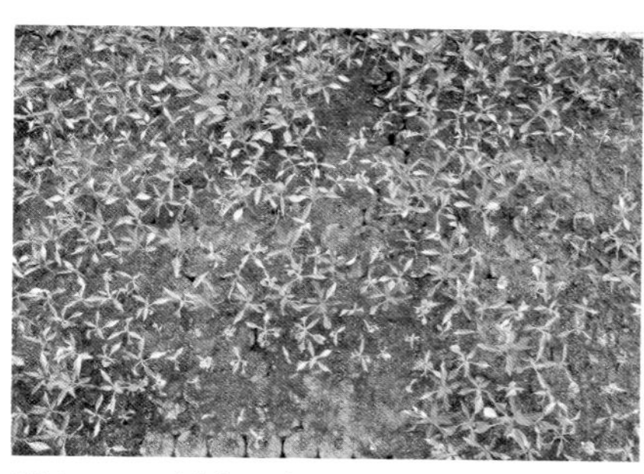
图1-10　辣椒沤根

图1-11　辣椒苗及时假植

四是看天洒水。洒水时，应依据土壤湿度和天气而定，选晴天下午1～2时浇水，且每次浇水量不宜过多，以避免床内湿度过大。浇水后，要待苗叶上水珠蒸发后，才能盖棚膜保温，否则，因叶面湿度过大，容易引发其他病害。发生沤根时，应暂停浇水，促进早发新根。

五是及时除湿。湿度过大时，进行通风降湿，并加强光照。还可采用在秧苗叶片上没有水珠时，撒干草木灰或干细土降低湿度。棚膜上水珠过多时，会影响透光和棚内空气温度的提高，可采取人工除湿，即用抹布等擦除。

9. 辣椒越冬育苗遇冰雪天气应提前预防冷害，防止秧苗叶片白斑

问： 辣椒苗叶面几乎全部出现了大小不等的白斑（图1-12），不知是什么病？

答： 此越冬辣椒苗已有四片真叶，较大的两片真叶叶尖或叶缘或叶片中间有近1平方厘米大小的白斑，与周围绿色部分分界明显，白斑正反面均未见斑点、轮纹或霉状物等病原物，如白纸状，结合上周的冰

雪低温天气，考虑这是冷害所致。

这也与近段时间的管理不当有关。由于前段时间气温低，近几天突然出现高温，辣椒苗生长特别快，形成了“高脚子叶苗”。为降低棚温，农户采取早上早揭大棚膜，晚上五六点盖大棚里的小拱棚，到凌晨才去盖大棚门。但冬季白天气温高，晚上往往会出现冻霜，若太晚盖棚，很易导致辣椒苗遭受冷害。

辣椒等越冬苗，主要是利用10月小阳春的温暖气候条件，加上大棚等设施培育壮苗后度过严寒，翌年开春后适时定植到大棚中或采用小拱棚套地膜覆盖栽培，达到提早育苗、提早定植和提早采收的目的。但越冬育苗常常遇到天气变化幅度大，难以管理的情况，高温时稍不注意通风透气容易烫伤幼苗，形成高脚苗，低温时易造成冻伤或冷害。这种极端的天气变化，菜农往往采取另一个极端的方法进行管理。如低温时一直闭棚保温，不注意适当地通风透气，结果造成苗床湿度大，光照不足，从而容易引发病害；高温时大开棚门，甚至晚上也不及时闭棚保温，结果冷风侵入，使组织部分冻伤坏死而产生白色斑点或斑块。

因此，在天气变化幅度大时，要特别注意越冬苗的管理，由低温转向高温时，不可一时把大棚门全敞开，要由内向外逐步揭开（图1-13），甚至在阳光强烈时，适当遮阳，使秧苗有一个适应的过程，而到了下午，应由外向内及时闭棚保温，因晚上的气温很低，苗遇到冷风时就容易出现冻害。

图1-12　因防辣椒高脚苗而通冷风造成叶片白斑

图1-13　加强覆盖物的揭盖管理

若已经出现了冷害情况，除了加强以上的管理外，由于植株受到伤害，病菌容易侵入，应喷施一次百菌清或甲基硫菌灵。

针对辣椒出现“高脚子叶苗”的情况，可进行叶面施肥，促其尽快转壮，如叶面喷洒 0.1% 浓度的磷酸二氢钾或 1% 浓度的优质复合肥液（将 1 份复合肥浸泡入 100 份水中，24 小时后取上清液喷洒），也可以叶面喷洒 100 倍的葡萄糖、红糖、白糖，或豆汁、奶粉等。对于较为严重的“高脚子叶苗”，除了采取上述措施外，还可叶面喷洒助壮素（80 ～ 100 毫升 / 升）、矮壮素（150 ～ 200 毫升 / 升）等，抑制秧苗的徒长。

切忌盲目采取晚盖棚、通冷风降温的行为。

10. 越冬辣椒苗要防止由于冷热突然交替出现的闪苗现象

问：（现场）前段时间一直是低温阴雨，关闭大棚保温，出太阳后揭开大棚，不料许多辣椒苗子死了（图 1-14、图 1-15），不知得了什么病？

图1-14　久雨开晴后突然揭膜易导致辣椒苗闪苗

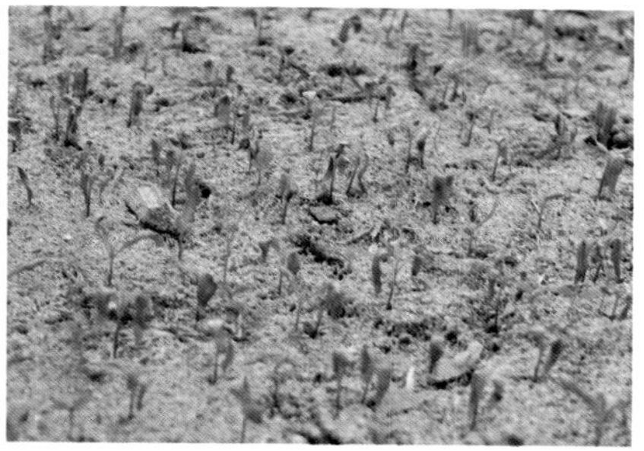

图1-15　越冬辣椒苗闪苗现象

答：这是辣椒苗闪苗现象，是长期低温阴雨后遇晴天揭保温覆盖物太快导致的热烫伤。有经验的技术人员，一般要提前预见可能会出现这种情况，阴天转晴、光照强烈时，不要急于揭掉保温覆盖物，要逐步揭去覆盖物，让幼苗适应环境。没有遮阳的，可覆盖部分草苫形成花荫，使植株慢慢适应后，逐渐增加光照度和见光量。

如果已经出现闪苗，要根据程度轻重进行处理。若叶片仅有零星黄斑，外部完整，子叶没掉，可以进行定植。若叶片边缘部分干黄，定植后加强管理，植株会很快恢复。如果闪苗严重，生长点受损坏死，子叶脱落，最好舍弃不用。

11.辣椒苗期用控旺药剂一定要注意使用浓度，以防药害

问: 移栽的秋辣椒苗缓苗一个多月了，却怎么也不长，心叶窄小，较厚，有轻微的不平，叶脉表现明脉且较粗（图1-16、图1-17），是不是得了病毒病？

图1-16　多效唑浓度过大导致的药害

图1-17　多效唑浓度过大辣椒叶脉粗硬的表现

答: 从辣椒植株子叶下较长，而上部叶片节间较短，嫩叶较厚不舒展，且较正常叶片窄小的情况看，应该是使用了控旺药剂的表现。经与供苗商沟通，确实是由于秋季气温高，辣椒苗易徒长，重复使用了高浓度的多效唑（15%多效唑可湿性粉剂1包40克兑水15千克）的缘故。

无论是辣椒越冬苗，还是夏秋高温季节培育的秋辣椒苗和秋延后辣椒苗，若管理不善，很容易徒长，表现出如茎长、节稀、叶薄、色淡、组织柔嫩、须根少等症状。其发生的主要原因有阳光不足，床温过高，密度过大，以及氮肥和水分过多等。

为防止徒长苗，一定要注意加强苗期的管理，要改善苗床光照条件，增施磷钾肥，适度控制水分，加强通风。育苗过程中，秧苗刚出

土的一段时间容易徒长，易出现“软化苗”或“高脚苗”。防止方法是：播种要稀、要匀；及时揭去土面覆盖物；基本出齐苗后降低苗床的温度和湿度；早间苗，稀留苗。

另一个容易徒长的时期是在定植之前。应昼夜揭去覆盖物，加强光照，降低床温，将苗钵排稀或切块囤苗，还可喷一次 1：500 倍的高产宝。多喷几次 1：1：200 倍的波尔多液，有很好的防病、壮苗、防徒长效果。

若是徒长较严重，可以选用控旺药剂进行控旺，但一定要注意使用浓度，如使用多效唑，在辣椒苗高 6 ～ 7 厘米时，喷雾浓度应是 10 ～ 20 毫克 / 千克左右（每桶水 15 千克只需兑 15% 多效唑 1 ～ 2 克），每亩药液用量为 20 ～ 30 升。辣椒育苗期间秧苗徒长时，于初花期或花蕾期，喷洒浓度为 20 ～ 25 毫克 / 升的矮壮素液，药液用量以叶面喷湿为宜，或用 250 ～ 500 毫克 / 升的矮壮素浇施（土壤温度较高时效果好），能抑制茎、叶徒长，使植株矮化粗壮，叶色深绿，增强抗寒和抗旱能力。注意，该方法仅适于徒长田块，施药时要严格把握使用时间和使用浓度，喷雾要均匀，尽量减少喷入土壤中的药量。

多效唑若因浓度大造成药害，可喷用 0.05% 赤霉酸进行缓解，若浓度太大无法恢复生长，建议改种。

第二节 辣椒栽培管理关键问题

12. 辣椒移栽定植前搞好土壤消毒对防止死棵事半功倍

问：往年种辣椒一发现地里的死棵死苗，就只能先拔除，基本无药可解，只能提前预防，请问如何在定植前对辣椒土壤进行消毒?

答：移栽前土壤消毒主要是针对土传病害而言的。第一，水旱轮作是最根本的一种防病制度，旱土不能水旱轮作的，至少要间隔一年不栽培辣椒和其他茄科作物（茄子、番茄、马铃薯）。第二，用石灰消毒（图 1-18），不但可杀菌，还可调节土壤酸碱度，释放土壤中被固定的肥料。第三，可于翻耕后，利用夏季高温烤晒或高温闷棚杀菌灭虫。第四，化学药剂消毒可用甲醛。第五，局部消毒，可在辣椒定植后，在定

图1-18　大棚内撒石灰消毒、调酸碱度

根水中加入恩益碧、多菌灵、甲基硫菌灵或生根剂等效果较好。

对于大棚栽培，可在定植前10 ~ 15天，结合高温闷棚喷洒5%菌毒清水剂400 ~ 450倍液或2%宁南霉素500倍液，对地面、立柱面、旧棚膜内面全面喷洒消毒。连作3年以上的大棚普遍发生根结线虫和死棵，有的甚至造成毁灭性的损失，目前，防治效果最好的大棚土壤消毒方法是石灰氮（氰氨化钙）消毒法。方法是在前作收获后，一般在7 ~ 9月，每亩施用稻草或秸秆等有机物1000 ~ 2000千克，用石灰氮颗粒剂80千克均匀混合后撒施于土层表面，再进行深翻30厘米以上，用透明薄膜将土地表面完全覆盖封严，从薄膜下灌水，直至畦面灌足，湿透土层，密闭大棚，使地表温度上升到70℃以上，持续15 ~ 20天，即可杀灭土壤中的真菌、细菌、根结线虫等。然后翻耕畦面，3天以后方可播种定植。

13.辣椒定植应选冷尾暖头的天气

问： 我查看了明后两天的天气预报，又是雨天和降温，请问（今天）露地可以栽辣椒吗？

答： 关于辣椒苗宜栽不宜栽的问题，一句俗话是“高温高湿促缓苗”，因此，春季栽培应选择冷尾暖头的天气，抢晴天移栽，并保证定植后要有三五个晴天，这样定植后缓苗快，缓苗好。考虑到明天中雨伴随降温，最低温低于10℃，易发生僵苗冷害。因此，哪怕今天是晴天也不建议栽，硬要栽的话（基地面积大，考虑到用工问题），缓苗会慢，而且要栽健壮的苗，如叶龄达9 ~ 10叶以上的（图1-19）。若是苗嫩，如仅四五片叶的嫩苗，暂时不要栽。此外，明后天的雨天不能栽。

图1-19　定植时宜栽壮苗

14. 早春大棚辣椒定植有讲究

问： 天气预报后天（2 月 15 日）有雪，我准备等雪后开晴在大棚里栽辣椒，请问有哪些移栽细节需要把握？

答： 时常关注中长期的天气预报的做法值得提倡，2 月中下旬正是大棚定植辣椒、茄子、番茄的适宜时期，太早温度低难管理，太迟则错过了大棚保温促早的优势。为搞好大棚辣椒的定植，有几点建议供参考。一是要在定植前先把翻耕、整地、施基肥、盖地膜等准备工作做好，做到地等苗（图 1-20），施基肥时要注意多施有机肥或生物有机肥。二是清洁大棚膜，提高透光率，密闭大棚升温待定植。三是要抢占冷尾暖头的天气，多安排劳力，集中一两天内定植完，具体到现在，可于 2 月 15 日后晴一两天，待膜内升温，于 2 月 17 日或 18 日集中定植，总之要看天定植。四是把好定植关。定植时，要注意浅栽，切忌定植过深。边栽边用土封住定植孔，可选用 20% 噁霉・稻瘟灵（移栽灵）乳油 2000 倍液进行浇水定根（图 1-21），对发病地块，可结合浇定根水，在水内加入适量的多菌灵（或甲基硫菌灵）等杀菌剂。也可浇清水定根。定植后，及时关闭棚门 5 ～ 7 天保温。五是浇好缓苗肥水，5 ～ 7 天缓苗后应浇一次缓苗水，缓苗水可结合追施含海藻酸类或甲壳素类生根性肥料。建议从缓苗水开始，每亩用 1 亿菌落形成单位 / 克枯草芽孢杆菌微囊粒剂（太抗枯芽春）500 克 +3 亿菌落形成单位 / 克哈茨木霉菌可湿性粉剂 500 克 +0.5% 几丁聚糖水剂 1 千克浇灌植株，可促进生根，调理土壤，预防根腐病、枯萎病、青枯病等。后期可每月冲施 1 次。

图1-20　大棚内提前盖好地膜待定植　图1-21　定植后及时浇定根水

15. 早春大棚辣椒定植后提前做好常发性病虫害的预防可事半功倍

问： 辣椒有些病得了就难治好了，我想在大棚辣椒移栽缓苗后，即提前搞好病虫害的预防工作，请问如何操作？

答： 种植户有提早进行预防病虫害的想法是很好的。首先，蔬菜种植的最高境界是做到不用药或少用药。真正种菜的高手，种植的蔬菜是很少有病虫害的，而且用药成本非常低。为此，要在蔬菜生产整个过程中各方面下功夫。即大棚早春辣椒栽培，前期要搞好提温保温工作，促进辣椒活棵缓苗；然后浇缓苗水，加强大棚的开闭管理，适当降低温度，防止徒长；在开花坐果前要适当控肥控水蹲苗，促进辣椒植株根系下扎；开花坐果后，及时追肥和浇水保湿。辣椒根系发达，肥料充足，湿度适宜，长势强壮，抗病虫害能力就强。

图1-22 大棚早春辣椒预防病虫害的措施

根据以前基地病虫害的发生情况，一般大棚辣椒病害主要有灰霉病、枯萎病、白绢病、病毒病、炭疽病第，主要虫害有蓟马、蚜虫、烟青虫等。从刚发来的图片看（图1-22），采用了银灰膜覆盖，并插了黄板，这很好。建议再间插一些蓝板（原则上每亩20块左右），把大棚门和裙膜通风处的防虫网修补完善好，用于防止棚外害虫进入，棚内要装一盏杀虫灯（注意做好防护，防止浇水时打湿）。从开花始注意用多杀霉素、噻虫嗪、吡虫啉等防治蓟马、蚜虫，坐果始注意用苏云金杆菌、阿维菌素、茚虫威、甲氧虫酰肼等防治棉铃虫、烟青虫。

在病害预防方面，建议从缓苗水开始预防土传病害，每亩用1亿菌落形成单位/克枯草芽孢杆菌微囊粒剂（太抗枯芽春）500克+3亿菌落形成单位/克哈茨木霉菌可湿性粉剂500克+0.5%几丁聚糖水剂1千克浇灌植株（图1-23），可促进生根，调理土壤，预防根腐病、枯萎病、青枯病等。后期可每月冲施1次。地上部，从缓苗后，在未发病前，可用波尔多液喷施3～4次，一般每隔7～10天1次。其间间隔喷施吡唑醚菌酯、嘧菌酯、百菌清或香菇多糖等广谱保护性药剂。开花坐果后，喷药要结合叶面喷施糖醇钙、速乐硼等钙硼肥，可保花保果，防止脐腐病等生理性病害。如此，用药成本低，效果较好。若发现病虫害，再有针对性地进行防治。

图1-23　对辣椒灌有益菌和生根肥防土传病促生根

16.辣椒早春露地地膜覆盖栽培有讲究

问： 今天请了十多个人在抢时间定植辣椒，请问定植时需注意些什么？

答： 关于辣椒定植，有以下几个问题值得注意。

一是大小苗混栽（图 1-24）。大小苗要分开来栽，不要大小苗栽在一起。把小苗挑出来，另择地块集中栽植，若壮苗数量足够或可干脆不用小苗、弱苗。

二是要清洗脏苗。有些苗，特别是小苗沾了许多的营养基质，应集中清理叶片后再定植，或浇定根水时顺便清洗一下，否则，沾了基质的叶片缠在一起，易死掉。

图1-24　辣椒大小苗要分开栽

三是株行距过密。一畦栽 3 行过密，栽 2 行浪费地，建议打定植孔的社员，要把株距打到 50 厘米，适当加宽株距。要求打定植孔的社员在操作时不要打得太深，否则，根系悬空，定植的社员又要先加点土，才能栽，很废事。

四是定植时要去掉老根。辣椒植株长长的老根系要去掉，防止出现“烟壶老壳”（根系弯曲，根尖朝上）现象，且去掉老根可促发新根。

五是定植不宜过深或过浅。原则上以浅栽为宜。移栽用泥封定植孔后，子叶（刚出现长不大的那两片叶子）必须露在地外面。

六是封定植孔的泥巴不要堆得太多。盖地膜时，地膜面上用于压膜的泥巴已经够多了，雨一下，泥巴往定植孔处涌作一堆，容易出现板结硬壳不透气的现象，所以切忌封土过多。

有的反映定植孔封土少，浇定根水时泥巴沉落，易把根露出来的问题（图 1-25），主要是栽时没有用两根手指把茎基部的泥巴压一下。

七是在封定植孔时，注意薄膜不能挨着茎秆，否则易烫伤茎秆，引发病害。也要防止定植孔边的塑料膜压埋植株（图 1-26）。

图1-25　辣椒定植时未压好苗导致浇定根水时冲掉泥巴，造成露根死苗

图1-26　封定植孔时注意薄膜远离植株并防止压埋植株

八是要小心栽苗。有些已定植的辣椒茎秆的一边伤了皮，这是因为在用泥巴稳蔸时，用移苗器去砍碎泥巴，离植株较近，不小心就把辣椒苗的一边砍破了皮，有些死了，可能是个别人不注意，养成了不好的习惯，要提醒注意。

九是关于浇定根水的问题，要足量，即每窝大约浇水 250 克。

十是若有条件，浇定根水时用微生物菌剂配合浇为好，若配合浇微生物菌剂，就要连浇 3 次，否则效果不佳。

17. 辣椒大棚栽培要加强通风透气和肥水管理，防止落花落果

问：大棚里的辣椒花有些发黄，然后落花，坐不住果，请问这是怎么回事?

答：造成这种花发黄、落花（图 1-27、图 1-28）现象的可能原因有：第一，施肥不合理引起植株徒长，造成花器发育不正常而引起落花。

图1-27　辣椒花黄化

图1-28　辣椒落花现象

第二，浇水过大、过勤，土壤积水严重，导致花芽分化不良，从而造成落花。第三，可能是夜温高、昼夜温差小，大棚内白天温度高于 35℃则花器发育不全或柱头干枯，不能授粉受精而造成落花；夜温过高还会导致营养生长过旺。第四，可能是光照不足。此外，病害、药害、肥害等都可能引起落花。

因此应针对以上可能的原因查找，并对症防治，如要适量浇水保墒。适时施肥，要控制氮肥用量；叶面喷施磷酸二氢钾 300 倍液、海藻酸 700 倍液、螯合中微量元素等，有针对性地补充营养，减轻徒长；也可用硼钙肥喷花芽，提高花芽质量。加强大棚的通风透气透光管理，使白天温度保持在 25℃左右，最高不高于 32℃。及时整枝抹杈，防止植株过密。

18.辣椒开花坐果前要做好整枝、打杈等工作

问: 辣椒是不是看见底下的分枝就要打去？是不是一定要绑固植株？

答: 辣椒开花坐果前要做好整枝、打杈、绑固植株等工作。

在辣椒管理上，很少有人采取整枝抹杈的管理措施，特别是春连秋栽培，田间栽培时间长，导致辣椒结果的中后期，枝叶纵横，田间郁蔽，通风透光不良，极易引起灰霉病、炭疽病、软腐病、疫病等病害，造成大幅度减产减收，而且商品果率不高，还浪费了营养。因而，菜农应引起高度重视，辣椒种植必须整枝、打杈。

适合辣椒的整枝方法比较少，常见的主要有三干整枝、四干整枝、不规则整枝等几种。

一般对于塑料大棚春茬辣椒栽培，植株开展度大的大果型品种采取

四干整枝法或多干整枝法。植株低矮、开展度小的品种采取多干整枝法或不规则整枝法。

对于塑料大棚春连秋栽培，主要采用四干整枝法和多干整枝法。

对于塑料大棚春连秋辣椒栽培再生整枝（7 月中旬前后进行整枝再生），将植株从四门斗椒上剪断，将剪下的枝条连同杂草等清理出大棚后追肥浇水，促发新枝。新枝发出后，选留 4 ~ 5 条粗壮侧枝进行开花结果。

对于小拱棚春季早熟栽培辣椒，采用不规则整枝法。

对于春连秋地膜覆盖栽培辣椒，采用不规则整枝法。

辣椒整枝打杈时要注意以下几点。一是门椒下的侧枝应及早全部抹掉。二是时间要适宜，为减少发病，要选晴暖天上午整枝，不要在阴天以及傍晚整枝，以免抹杈后伤口不能及时愈合，感染病菌，引起发病。三是时机要适宜，抹杈不要太早，利用侧枝诱使根系扩展，扩大根群。待侧枝长到 10 ~ 15 厘米长时开始抹杈。四是位置要适宜，要从侧枝基部 1 厘米左右远处将侧枝剪掉，留下部分短茬保护枝干。不要紧贴枝干将侧枝抹掉，避免伤口染病后，直接感染枝干。同时，也避免在枝干上留下一个大的疤痕。五是用具要适宜，要用剪刀或快刀将侧枝从枝干上剪掉或割掉，不要硬折硬劈，避免伤口过大或拉伤茎秆表皮。六是不要伤害茎叶，抹杈时的动作要轻，不要拉断枝条，也不要碰断枝条，或损伤叶片。七是及时抹杈，不要漏抹，辣椒的侧枝生长较快，要勤抹杈，一般每 3 天左右抹杈一次。八是要与防病结合进行，抹杈后，最好叶面喷洒一次农药，如 500 倍的噁霜灵或代森锰锌，保护伤口，使其免受病菌侵染。

应在整枝打杈的基础上，把定植穴里的杂草顺带拔了（图 1-29），对个别有徒长迹象的，可以喷施“叶绿素”、甲派鎓（助壮素）或矮壮素等矮化植株，或在植株旁插杆绑固植株（图 1-30）。

图1-29　给辣椒整枝打杈顺带除草

图1-30　插杆固定辣椒植株（示意）

19. 辣椒生长期要防止长期控水导致的干湿不均，以防裂秆现象

问：（现场）刚定植不久的辣椒苗茎秆开裂了，是什么原因导致的，如何防止该现象？

答： 这种茎秆开裂的现象（图1-31）是干湿度变化剧烈导致的。主要是由于苗期长时间控水，以及茎表皮与茎秆内组织生长速度不同步造成的，而导致这种茎秆开裂的因素主要是干湿度变化剧烈。植株生长期，由于前期长时间控水，造成植株内部水分不足，在坐果后大水大肥，茎秆内部水分充足，发育迅速，而表皮生长相对较慢，最后导致茎表皮崩裂，从而出现裂秆现象。

图1-31　干湿不均致辣椒植株茎秆茎皮开裂

建议根据土壤湿度科学浇水，可采取滴灌或小水勤浇，及时划锄，不要因控制植株旺长而长时间不浇水，也要避免一次性浇水过大，调控好土壤湿度，即可减少茎秆开裂。同时要预防容易从伤口侵入的细菌性病害。可用内吸性药剂（如春雷霉素、中生菌素）与广谱性保护药剂（如喹啉酮、噻菌铜等）配合使用，能预防多种病害。

该现象提醒菜农，春季栽培要做到土等苗，防止苗龄过长而采取控水控长的办法，移栽后水肥充足，易导致裂秆现象。

20. 大棚辣椒开花坐果期要加强管理，防止植株徒长

问： 往年大棚辣椒进入开花坐果期植株茂盛（图1-32），但就是坐不住花，挂不住果，请问有何解决办法？

答： 大棚辣椒开花坐果期若植株长势太旺，是为徒长，表现为植株叶片多，根系发达，吸收水肥能力强。若未及时进行大棚温度、光照、湿度、肥水等的调控，常造成植株徒长，引起落花落果，挂不住果又会使营养供给茎叶，进一步加重徒长，形成恶性循环。

图1-32　辣椒植株徒长，坐果少

为防止开花坐果后的植株徒长现象，要在开花坐果前搞好大棚温度、光照、湿度、肥水管理。此外，可结合如下措施。

一是多喷几次 1：1：200 倍的波尔多液，有防病、壮苗、防徒长效果。

二是控制浇水量，保持土壤适度干燥，土壤表面呈半干半湿状。

三是及时抹杈，控制植株生长量，及时将门椒下的侧枝抹掉，避免株型过大。注意，抹杈时间的早晚根据植株长势而定，长势差的就迟抹，长势好的可早抹。

四是加强大棚通风管理，防止温度偏高，使白天温度保持在 25℃左右，最高不高于 32℃。

五是药剂防控，对有徒长苗头的地块，于初花期或花蕾期，用 20 ～ 25 毫克 / 升的矮壮素液，或 15 ～ 25 毫克 / 千克的萘乙酸混加 750 倍的甲哌鎓喷雾。

21.大棚辣椒开花坐果期要注意浇水保湿，不宜过度控水

问： 长得好的辣椒开花结果了，但有些辣椒却硬是不长，或长不大，有些甚至死了（图 1-33），不知是什么原因？

答： 这是过度控水蹲苗所致。土壤太干了，根系变成了锈褐色（图 1-34，从这里可以发现，土壤干燥是控苗徒长的一种方法，但这种方法不能过头）。

辣椒定植后至开花坐果前，原则上控水蹲苗，促进根系下扎，但也不能过度控水。辣椒既不耐旱，也不耐涝。虽然辣椒植株本身需水量不大，但因根系不发达，需经常浇水才能获得高产。辣椒开花坐果期，如果土壤干旱，水分不足，极易引起落花落果，并影响果实膨大，使果面

图1-33　大棚内土壤过度控水致植株不长

图1-34　大棚内辣椒植株不长，剖开茎部，维管束和韧皮部均无病变，为生理性原因

多皱缩、少光泽，果形弯曲。但如果土壤水分过多，极易造成水大伤根，或引起其他并发症，如根腐病、茎基腐病、菌核病、疫病等，轻者植株萎蔫，严重时成片死亡。

为了避免盲目浇水，在辣椒进入开花坐果期后，菜农摸索了一个“测土浇水”法，不妨一试。即先按照“Z”字形，在大棚内或一块辣椒地里，选择 5 ～ 10 个具有代表性的测试点。然后，揭开种植行内的地膜，去除小沟中央的表土（厚度 5 厘米左右），抓取下部的土壤，略用力握一下后，再把手松开，如果发现土壤一松即散，表示土壤缺水，需及时灌溉；若手松开后，90% 以上土壤保持原来状态，则表示土壤不缺水，无需浇水。按此方法，每隔 7 ～ 10 天测试一下。按照这种方法来浇水，辣椒既不会旱，也不会涝，比较准确。

此外，为了做到蔬菜科学浇水，还要重点把握浇水“三看”原则。即看天，阴雨天不浇水，晴天浇水；看地，即“测土浇水”；看植株，如蔬菜顶部略显萎蔫时，及时补水。

22.露地辣椒要施足基肥加强追肥

问：采用地膜覆盖栽培的辣椒基肥施得足，后期不需要追肥了吧？

答：这种“一炮轰”的施肥方法是不可取的，特别是像辣椒这种多次采收的蔬菜，既要施足基肥，也要适时追肥，否则，后期辣椒会越长越小，且由于肥力不足，植株长势差，抗病虫能力差，易早衰感病虫害。

露地栽培基肥一般以有机肥为主。中等肥力地块，每亩施腐熟有机肥 2500 千克（由于生产中积制有机肥的不多，可折成商品有机肥 250 千克）、过磷酸钙 50 千克、花生饼或菜籽饼肥 100 千克，2/3 铺施，1/3 施入定植沟内。地膜覆盖栽培基肥要在此基础上增加近 1 倍。

一般开花坐果前，应控水控肥，蹲苗促根，若长势较差，可随水冲入少量的粪稀促生长。从定植后开始用含甲壳素、海藻酸的肥料或腐植酸液肥灌根 2 ~ 3 次，每隔 10 天左右灌 1 次，有利于生根壮棵。

追肥一般从门椒收获后开始进行，每亩追施尿素 10 ~ 15 千克；对椒迅速膨大期进行第二次追肥，亩施尿素 10 ~ 15 千克；在第三层果（四门椒）迅速膨大时，第三次追肥，每亩施尿素 20 ~ 25 千克。进入 8 月份高温干旱季节，可结合浇水随水冲施粪稀或含大量元素营养液肥，追施化肥时应穴施（图 1-35、图 1-36），将肥料埋入土下，距根际 5 ~ 10 厘米处。考虑到地膜追肥不方便，在植株封行后，可破膜进行，或揭掉地膜，地膜无须一盖到底。

图1-35　露地辣椒株间埋施复合肥追肥

图1-36　地膜覆盖栽培株间打穴追肥

23. 温室辣椒水肥一体化管理有讲究

问： 今年种植辣椒准备实施水肥一体化，请问这项技术容易掌握吗？

答： 水肥一体化技术听起来很难，其实，平时在浇水时带肥泼浇就是水肥一体化，只不过，通过采用现代化的滴灌带设施，加上配方施肥，可以做到更加科学，更加省工省力节肥。在辣椒栽培方面，水肥一体化技术（图 1-37、图 1-38）可以参考以下内容。

滴灌浇水。根据节水技术规范及种植区的实际灌水经验，日光温室滴灌辣椒灌溉制度拟定主要技术参数确定为：灌溉水利用率取 90%；

图1-37　日光温室辣椒无土栽培

图1-38　日光温室辣椒水肥一体化滴灌施肥

计划土壤湿润层深度取 0.3 米；土壤设计湿润比取 90%；土壤容重取 1.43 克 / 厘米^3；作物适宜土壤含水率上限取 90%，下限取 70%。经计算，初步拟定一大茬辣椒全生育期灌水次数为 26 次，灌溉定额为 263 米^3/ 亩。具体拟定如下：

土壤空白期，灌地水 1 次，水量为 59 米^3/ 亩。

定植前，灌定植准备水 1 次，灌水量为 12 米^3/ 亩。

定植后，灌定植水 1 次，灌水量为 8 米^3/ 亩。

移栽定植后，缓苗期为 5 ～ 7 天，缓苗期结束后灌水 1 次，灌水量为 8 米^3/ 亩。

缓苗期结束后 30 ～ 35 天为辣椒幼苗生长期，应灌水 1 次，灌水量为 8 米^3/ 亩。

苗期结束后，一般 7 ～ 12 天灌水 1 次，共灌水 21 次，每次灌水 8 米^3/ 亩，共灌水 168 米^3/ 亩。

追肥。当门椒长至 3 厘米左右时结合浇水进行第一次追肥，此后根据情况每浇 2 ～ 3 次水追 1 次肥。每次每亩追施硫酸铵 20 ～ 25 千克、硫酸钾 15 ～ 20 千克。植株生长较弱时每亩补施尿素 10 ～ 15 千克。

24. 辣椒生长期要防止施用未充分腐熟粪肥，以防伤根死苗

问：（现场）辣椒移栽成活后追施了一些粪肥，结果植株不但没长，有些还死了，请问是什么原因导致的呢？

答： 这是给辣椒植株追施了未充分腐熟的粪肥，导致的植株伤根

图1-39 施用未腐熟粪肥导致的辣椒烧根现象

死苗（图 1-39）。不发酵的生粪施到地里后，当发酵条件具备时，在微生物的活动下，生粪发酵，当发酵部位距根较近或作物植株较小时，发酵产生的热量会影响作物生长，严重时导致植株死亡。

如果危害轻，发现及时，可立即用清洁水冲灌两三次，减少生粪尿水在田土中的残留量，稀释浓度，可减轻危害，也可冲施腐熟剂，如果是大棚栽培则还要加强通风等管理。出现这种肥害中毒时间过长、危害过重、植株严重萎蔫死苗的情况，就没有办法解决了，只能让生粪在田土中自然发酵后，再重新改种。

此外，菜农常常误认为，粪肥在露地堆置了好几个月，甚至半年，想当然地认为腐熟了，没问题了，其实并不是这样。粪肥发酵有一定的条件，一般可用堆沤发酵，鲜粪发酵时需要添加一些辅料，来吸收鲜粪中的水分（水分太多会影响微生物的发酵作用），辅料一般选择秸秆、草料、锯末，等等。一般情况下按照鲜粪的量是辅料的 2.5 倍左右就可以了。鲜粪与辅料混合均匀后，每堆成厚度在 50 厘米左右时喷洒一次粪肥腐熟剂，直至堆成宽 1.5 ～ 2 米、高 1 米左右的长形堆，然后用木棍在堆顶打几个孔，以方便通气，最后进行覆膜沤制。当堆温升至 50℃时开始翻堆，3 天翻一次，等到粪肥无恶臭味，颜色变深褐色至黑色，堆内布满白色菌丝时即腐熟完全。

施用时，施入的浓度也不要过高，禽畜粪肥发酵后，最好与化肥混合使用。旱土施肥要距作物根系 10 厘米左右，并要深施覆土，以防止烧苗，降低肥效。土壤干旱追肥要适当灌水，以降低肥料浓度，避免烧苗减产。

25. 夏季大棚辣椒难坐果的原因与控制措施

问： 夏季大棚辣椒难坐果，是气温太高的原因吧？有什么解决办法吗？

答： 夏季大棚辣椒难坐果，主因确实是温度高，特别是夜温高，昼夜温差小，植株呼吸作用强，导致生殖生长受抑制，且白天的高温也影响辣椒正常的花芽分化。特别是如果前期天气连阴，生长不良会影响坐果，而气温回升后，一旦管理失误，又会出现旺棵不坐果的问题。解决夏季大棚辣椒坐果难，要采取农艺综合管理措施，多种措施齐下，方能取得较好的效果。

一是巧养根。前期适当控水，促进根系深扎。浇水不宜过勤。合理使用甲壳素、海藻酸等养根类肥料，连续冲施，养护好根系。

二是控旺促壮。注重拉大昼夜温差。夏季温度高，若没有在大棚上安装遮阳网，可以在棚膜上喷施少量降温剂，或者泼泥浆，以降低棚温，拉大昼夜温差，预防旺长。特别是阴天，也不会因遮光过度而影响辣椒的花芽分化。在晴天的中午前后，适当喷施清水降温增湿。在作物行间铺上稻壳，可避免阳光直射地面，吸湿降温的效果也很不错。

还可喷洒植物生长抑制剂，如喷施助壮素 800 倍液或矮壮素 1500 倍液抑制植株的旺长。

也可通过管理措施抑制顶端优势。如通过增大结果主枝的开张角度（图 1-40），抑制植株的顶端优势，促进结果；对于旺长植株，可通过选留对椒等方式抑制其营养生长等，避免旺长。

图1-40　辣椒吊蔓管理促进坐果

三是平衡施肥。在辣椒盛果期补充肥料时一定要注意全面合理，可冲施两次高钾型肥料，搭配一次平衡型肥料，配合冲施甲壳素、海藻酸类功能型肥料。叶面喷施硼肥，并混配钙、锌、铁等中微量元素肥料。另外，嫩叶发黄时，可喷用含铁含锌的叶面肥。老叶黄时，喷施细胞分裂素加叶面肥。

四是控果、控温、疏松。最好不要留门椒。辣椒开花结果期温度一般以 25 ~ 28℃为宜，但又不宜将棚内温度控得低于 25℃。辣椒长势很旺，要注意合理整枝，将辣椒的内膛枝及结果主枝下部不结果的侧枝疏除。发现果实被叶片及枝条阻挡时，应该将果实移开，让其垂直向下生长。

26.辣椒冷害导致植株吸磷障碍，使茎秆呈青紫色

问：辣椒的茎秆变青了，请问是怎么回事？

答：从图片（图1-41）来看，植株表现为生长不良，矮小，叶色深绿，有些叶片的叶肉有轻微的坏死，许多辣椒的茎秆呈青紫色，这应是前几天的低温冷害导致的植株吸磷障碍。

图1-41　辣椒茎秆变青紫色

预防措施是提前或在低温期给植株喷洒青霉素、植物抗寒剂、天达“2116”、芸苔素内酯等，可以提高植株耐低温能力。也可用5毫升/升萘乙酸水溶液加复硝酚钠（爱多收）进行灌根，促进新根产生，壮苗抗寒。

一般情况下，待气温和地温上升后，这种情况会慢慢恢复正常。临时补救时，可叶面喷洒磷酸二氢钾500倍液、过磷酸钙浸提液200倍液等。

在生产中，番茄、马铃薯等出现类似问题，可采用相同的处理方法。

27.辣椒高脚苗尽量不要栽

问：图1-42中这种辣椒高脚苗，栽下去会结辣椒吗？

图1-42　辣椒高脚苗

答：辣椒是会结的。不过像图 1-42 中的这种高脚苗（苗高 50 厘米左右）确实不壮实，栽下去容易软塌、歪斜，刚栽的苗子经太阳一晒，太嫩的苗若贴到地膜上，温度高，容易烫伤或烫死。因此，这种高脚苗在栽的时候要栽好、栽直、栽稳，栽后用手压紧，只要能成活，再通过加强后期管理，结辣椒是没问题的，只不过苗太高，易导致后期倒伏，结果期推迟，难以高产，等等。

有人建议切除顶上的一截，使其再重新发出来，这种方法对老苗而言还可行，但对太嫩的苗，去顶成活率是非常低的。

如果这种高脚苗数量非常少，通过加强精耕细作、精细管理，问题倒是不大。但如果大面积种植，管理水平难跟上，不建议用这种苗。

28. 秋辣椒移栽定植时间不宜拉得过长

问：（现场）开始栽的秋辣椒苗已经缓苗了，但一周前栽的辣椒苗表现萎蔫（图 1-43），难缓苗，请问是什么原因？

图1-43　秋辣椒苗龄过长难缓苗

答：先不管辣椒苗到底是因为什么原因难缓苗而表现萎蔫，单从秋露地辣椒自 8 月 1 日起直到 8 月下旬还在定植来看，前后定植时间长达二十天以上，这就有问题了。一则，后定植的辣椒苗龄已经超了，有的存在徒长、弱苗现象，这样的菜苗栽下去本身就难以成活；二则，8 月下旬还在定植已较迟了，在长江中下游地区秋露地辣椒最佳定植期为 7 月底至 8 月初，8 月下旬移栽的辣椒一般需采用大棚等保温措施进行秋延后栽培。

因此，秋辣椒移栽定植一定要在定植前提前半个月左右搞好翻耕整地施肥作畦等准备工作，一旦苗龄到期，要在适龄期前后一周左右多安排人手尽快移栽完。此外，要求不栽超龄苗，不栽隔夜苗，从外地运来的幼苗应当天运达，当天移栽完。若不能在较短的时间内及时移栽，应减少合同面积，以减少不必要的损失（从后期的结果来看，移栽较迟的产量特低，有些由于管理水平差，没有结出商品辣椒）。

29.秋辣椒定植期高温干旱定根水要浇透

问：移栽的秋辣椒苗有10多天了，却越长越差且表现萎蔫，请问是什么原因？

答：从图1-44来看，幼苗尚未完全缓苗，且田间表现为旱象重，拔出的萎蔫植株近地面有些新根，但下部的根系已经锈了。应与移栽后浇的定根水量不够、未浇透有关，有时请的员工为图快，一瓢水浇几蔸，当时看着表面是湿的，实际水未下渗，未达根底，因而只有浮在表土的根系能吸收到水而发新根，而深处的根系则因缺水萎蔫。在高温干旱的季节，地上部蒸腾作用快，地下部的根量不够，吸收水肥困难，因而表现未缓苗且萎蔫不长。

图1-44　秋辣椒定根水浇水不够

辣椒是喜水怕涝的蔬菜，移栽时的定植水一定要浇透。鉴于当前这种情况，建议在早晚补施肥水，并随水冲施含甲壳素类、海藻酸类、氨基酸类的生根剂（如963养根素、东岩甲壳丰等）促进生根。地表盐害比较重的土壤可以冲施腐植酸类的生根剂，具有改良土壤、缓解盐害，加速根系生长的作用。

30.早春大棚辣椒要搞好温度和光照的管理

问：（现场）大棚里的辣椒施了不少肥，但总感觉植株不强壮，不知是何原因？

答：此大棚存在温度不高、光照弱的现象，所以只往上长，不横长，棵子弱。

辣椒开花结果初期的适温是白天 20 ~ 25℃，夜间 15 ~ 20℃，怕炎热，气温超过 35℃，辣椒不能受精而落花。光饱和点为 3 万勒克斯（lx），光补偿点是 1500 勒克斯。若光照不足，影响花的素质，引起落花落果，减产。

在生产中，要想方设法调控好温度和光照，使辣椒的生长处于适宜的温度和光照范围内。若温度低，要通过早盖晚揭、加强覆盖等进行保温；若温度过高，要通过加强通风、早揭晚盖等降温。

大棚数量多的种植户，为了实时掌握大棚内的温度和光照情况，建议种植户购买一个测光仪。

此大棚膜已覆盖两年，棚膜未开展清洁工作，较脏，影响了透光率，温度提不上。另外大棚里的湿度较大，要穿雨鞋才能进去；开棚后，顶端的冷凝水滴到头上如同下雨，滴到脖子上再顺着后背滑下去，能感觉到冰凉的寒意。湿度大也影响温度的提高。针对这种情况，一是想办法清洁连栋棚膜，提高大棚透光率。二是要把连栋大棚四周的围沟挖深，不能让棚外的沟比棚内的畦沟还要高，否则棚内的水无法排出，或大雨时导致棚外的雨水倒流进棚内。三是加强大棚的开闭管理（图 1-45），透除大棚内的湿气，降低大棚湿度，切断病害发生和传播的途径。大棚内湿度大时，可以适当晚开棚（温度上升至 28℃时开始），使棚膜上冷凝的雨水通过升温雾化后再开棚透出去，以防冷凝水滴落到地里。

图1-45　搞好大棚裙膜的开闭，加强通风排湿管理

31.防止辣椒土壤盐渍害重在科学用肥

问： 辣椒越来越种不好了，地里土壤上有一层红色的物质（图1-46），请问是什么？

答：这土壤产生了盐渍害，红的物质为含铁的盐，这是土壤较干时表现的现象，若是土壤含水量较高，则盐渍害表现为绿色（图 1-47、图 1-48），太干时则表现为白色的盐粒状。发生的主要原因是化学肥料用量过多，土壤长期未得到深翻。辣椒根系本身不发达，根量少，根系生长缓慢，在板结、盐渍化的土壤中根系更是难以下扎，所以辣椒越来越种不好了。应从以下几方面综合防治。

图1-46　辣椒土壤盐渍化红藻现象

图1-47　辣椒土壤盐渍化绿苔现象

图1-48
辣椒地土壤酸化和盐渍害现象

一是适当减少化学肥料用量。辣椒生长期间追肥建议适当降低大量元素水溶肥的用量，以冲施含有部分氮磷钾的复合微生物肥料或功能性肥料为主。若植株很弱，也可选择养分含量高、吸收利用率高的水溶肥减半施用，待土壤中氮磷钾含量恢复到正常范围后，再正常用肥。

二是增施有机肥。最好选用有机质含量高的有机水溶肥料或腐植酸肥料。下茬蔬菜定植前，基肥中也要增加腐熟好的粪肥、商品有机肥或生物有机肥等。

三是注重中微量元素的补充。通过叶面喷施或随水冲施的方式及时补充中微量元素肥料（全微肥、钙肥等），避免缺素症状的发生。

四是勤划锄、合理浇水。冬季浇水时避免大水漫灌的粗放式浇水方式，有条件的建议采取小水勤浇或膜下滴灌、微灌等方式。

32. 辣椒果实膨大期易缺镁早衰

问： 辣椒叶片叶肉发黄（图1-49），叶脉残留绿色，请问是什么原因？

图1-49　辣椒缺镁叶片

答： 这是辣椒缺镁症状，该症状一般在生长初期不发生，直到果实膨大时才有症状出现。生产上表现为靠近果实叶片的叶脉间开始发黄，后期除叶脉残留绿色外，叶脉间均变为黄色，严重时黄化部分变褐，叶片脱落，植株矮小，果实稀疏，发育不良。一般酸性土壤容易发生缺镁。单株结果越多，缺镁现象越严重，导致植株矮小，坐果率低。

防治措施：前期应对土壤进行调酸，施用石灰，一般酸性土壤宜施生石灰100千克左右。发现缺镁症状时，应在植株两边追施钙镁磷肥，应急时可叶面喷洒1%～2%的硫酸镁水溶液，每周2次。也可喷施含镁微量元素叶面肥。

33. 辣椒遇涝害后要多措并举减少损失

问： 辣椒过了水（指大雨漫过了畦块，图1-50），不知有何影响，应采取什么方法补救呢？

图1-50　辣椒涝害

答： 辣椒需水不多，但根群不发达不抗涝，被淹数小时植株就会萎蔫。在雨涝高温时，辣椒根系吸收能力减弱，致使植株生理失调而引起落花、落果甚至落叶，常有病毒病流行。预防和减轻涝害可从以下几个方面着手。

一是开好三沟（围沟、腰沟、厢沟），做到沟沟相通，受淹菜地在雨后及时排除积水，以防田间积水。播种或定植时注意天气预报，避开暴雨。采用高畦栽培，注意排水，平整土地，使雨后田间积水能迅速排出。设施蔬菜基地应合理灌溉，有条件的可铺设滴灌设施，滴灌、喷灌、软管微灌、膜下渗灌均是简便易行的防湿害方法。增施有机肥，有利于改良土壤、破除板结，从而提高其渗水能力。

二是涝害之后，及时排湿，深耕，及时加强植株整理，减少伤害。对一些虽受淹较重，但根系未死的辣椒，可适当通过剪除地上部过密的枝叶，或用遮阳网短期适当遮阳，以防止雨后突晴暴晒减少蒸腾导致生理失调而引起植株萎蔫。同时进行田间中耕及培土，预防因受淹造成土壤板结，从而预防根部缺氧而引起生理沤根。

三是追施肥水，防治病虫。蔬菜受涝后根系活力大大下降，植株抗性减弱，极易发生多种病虫害，应及时做好预防工作，如做好对软腐病、生理沤根、霜霉病等的防治工作。同时，菜田受雨水冲刷及淹没，养分流失严重，应及时补施氮、磷、钾多元复合肥料。同时结合病虫害防治，进行根外喷施磷酸二氢钾、保禾丰或萘乙酸促根剂等叶面肥或生长调节剂，促进植株地下部新根的发育和地上部新叶的生长。

四是突击播栽，抢时育苗。对发生春夏涝害的菜地，将腾空的菜地突击播栽适宜当时生长的油麦菜、早熟大白菜、芹菜、莴苣、小青菜、空心菜、生菜、芥蓝、四季豆等速生类蔬菜。对花椰菜、大白菜、茎用莴笋、甘蓝及茄果类可及时利用设施进行育苗或直接田间补播。

34. 防治辣椒病虫害时要科学混药，防止浓度过大以及与铜制剂混用产生药害

问:（现场）前几天辣椒打了防治细菌性病害的药噻菌铜、磷酸二氢钾和芸苔素内酯，叶片上生出褐色的斑点，嫩叶畸形，叶片变小，请问是不是病毒病?

答: 这不是病毒病，这是药害（图1-51、图1-52）。主要原因是施用农药时浓度过大，或者是配药时铜制剂与磷酸二氢钾发生了反应。

图1-51　辣椒药害——嫩叶畸形变小

图1-52　辣椒药害——叶片上的褐色斑

每桶水（15 千克）用了 20% 噻菌铜悬浮剂 3 包（30 克 / 包），正确的用量是每桶水配 1 包。此外，还配了磷酸二氢钾和芸苔素内酯等药剂。

在生产上，菜农大采用一桶水混多种药、肥，企图通过一次喷雾把细菌性病害、真菌性病害、虫害等“一扫光”，实现“一喷多防”，这种想法很好。但一定要在不至于造成药害、肥害，不发生化学反应浪费药剂，小面积试验成功的基础上，再大面积推广应用。

铜制剂对蔬菜易产生药害，最好不要在苗期使用，若使用要严格按照使用说明采用高倍数稀释，防止产生药害。使用铜制剂应避开高温时间段，防止产生药害。铜制剂不能与氨基酸、海藻酸、磷酸二氢钾、甲壳素类等有机小分子叶面肥混用，以防止发生变性或对植株叶片造成刺激，使叶片表现出异状。

若及时发现产生了药害，可及时喷水冲洗。对已经产生药害的，还可喷洒 0.0016% 芸苔素内酯水剂 800 ～ 1000 倍液，或 1.8% 复硝酚钠（爱多收）水剂 5000 ～ 6000 倍液，以缓解药害。

此外，“三月份的天，小孩子的脸”，说变就变，要加强棚内的温湿度管理，严防倒春寒，防止大棚内湿度过大。

35. 高温干旱注意加强综合管理，防止辣椒日灼

问： 辣椒的一部分变成了白色的（图 1-53），像“白辣椒”（一种加工产品）一样，只能丢掉，请问有无好办法减少这种损失？

答： 这是辣椒日灼病。这是因近段时间 36℃以上的高温再加上强光照射导致的一种生理病害，一般在果实的向阳面上或无叶片遮挡的辣椒上发生较多。挂在棵上的时间长了，后期病部易被腐生菌侵染，长出

图1-53　辣椒日灼果

灰黑色或粉色霉层，有时软化腐烂。

为减少该病的发生，应采取综合的管理措施。一是浇水降温防高温，尤其是在结果后及时均匀浇水防止高温为害，浇水应在 9 ~ 12 时进行。二是在高温强光照期栽培，有条件的可用遮阳网覆盖。三是合理施肥，以增强果实的耐日灼能力，在坐果后期每亩追施硝酸钙 10 千克，或用过磷酸钙、米醋各 50 克浸出液兑水 15 千克叶面喷洒，解症促长，也可连续喷施绿芬威 3 号等钙肥，效果明显。四是前期做好预防，合理密植，可采取一穴双株方式，保持一定大小的叶面积，使叶片互相对果实进行遮光，或与玉米等高秆作物间作，避免果实暴晒。

36.辣椒果实变小是僵果而不是种子问题

问：与该品种以前种植时相比，辣椒果实细小（图 1-54）、质地坚硬，丧失了商品性，请问是不是种子有问题？

答：这是辣椒僵果的表现，又称石果、单性果或雌性果，表现为皮厚肉硬，色泽光亮，柄长，果内无籽或少籽，无辣味，果实不膨大，环境适宜后僵果也不再发育。

图1-54　辣椒僵果

这主要是由于果实得不到足够的营养供应，发育受阻，过早停止生长引起的。在辣椒结果期，如果田间长时间干旱缺水，根系弱或病虫为害严重，叶面积不足等，均导致果实因营养不良而在后期形成僵果。当然，僵果也与气候条件有关，在春季栽培时僵果主要发生在花芽分化期，即播种后 35 天左右，如果植株受干旱、病害、温度不适等因素（13℃以下或 35℃以上）影响，雌蕊由于营养供应失衡而形成短柱头花，花粉不能正常生长和散发，雌蕊不能正常授粉受精，而形成单性果。这种果实由于缺乏生长激素，影响对锌、硼、钾等促进果实膨大的元素的吸收，故果实不膨大而形成僵果。

还有一种情况是植株生长势较弱，坐果数量过大时，一些坐果晚或位置不佳的果实往往会由于得不到足够的营养供应而形成僵果。

防止僵果的发生主要是提前预防，一旦发生就不可挽回了。一是在花芽分化期，要防止干旱。其他时间控水促根，以防止形成不正常花器。尤其是那些采用了地膜覆盖的，后期很少追肥浇水，更值得注意。二是搞好植株调整，辣椒植株坐果数量要适宜，应根据植株的长势留果，对多余的果实应及早疏掉，及时防治病虫害。

37.秋延后辣椒生长后期要加强保温防寒防冻

问：几十亩大棚秋延后辣椒结得非常好，结满了辣椒，不料昨天霜冻把辣椒果实冻坏了，请问有什么解决办法吗？

答：十分可惜，已经冻坏了，就无法挽回了。对于没有冻害的，应加强保温防冻管理。

大棚膜一般在秋延后辣椒移栽前就已盖好，但10月上旬前棚四周的膜基本上敞开，辣椒开花期适温白天为23～28℃，夜间为15～18℃，白天温度高于30℃时，要用双层遮阳网和大棚外加盖草帘，结合灌水增湿保湿降温。

10月上旬气温开始下降，应撤除遮阳网等覆盖物，到10月下旬当白天棚内温度降到25℃以下时，棚膜开始关闭。但要注意温度和湿度的变化，当棚温高于25℃以上时，要揭膜通风。阴雨天棚内湿度大时，可在气温较高的中午通风1～2小时。11月中旬以后，气温急剧下降，夜间温度降到5℃时，在大棚内及时搭好小拱棚，并覆盖薄膜保温。小拱棚的薄膜可以白天揭，夜晚盖。第一次寒流来临后，紧接着就会出现霜冻天气，因此晚上可在小拱棚上盖一层草帘并加盖薄膜，在薄膜上再覆盖草帘，这样既可以保温，又可防止小拱棚薄膜上的水珠滴到辣椒上产生冻害。也有的为便于管理，在大棚里再套中棚保温（图1-55、图1-56）。采用这种保温措施，在长江中下游地区气候正常的年份，辣椒可安全越冬。

在管理上，每天要揭开草帘，尽量让植株多见光。一般上午9时后揭开小拱棚上的覆盖物，如晴天气温高，也可适当揭开大棚的薄膜通风

图1-55　秋延后辣椒大棚套中棚防冻保温

图1-56　秋延后辣椒大棚套中棚的防冻保温效果

10 ~ 30 分钟，下午 4 时覆盖小拱棚。进入 12 月份以后，日照时间短，光照强度又弱，加上覆盖物又多，这时光照强度远远达不到辣椒的光饱和点，除了尽可能让植株多见光外，要经常擦除膜上的水滴和灰尘，保持大棚薄膜的清洁透明，增加薄膜的透光率。这一阶段外界气温低，土壤和空气湿度不能过高，应尽可能少浇或不浇水，这样可有效防止病害和冻害的发生，减少植株的死亡和烂果。此时，植株生长缓慢，需肥少，可以停止追肥。

38.加强辣椒采后处理可减损增效

问: 现在辣椒价格好，但就是摘回来后不经放，有许多烂了，十分可惜，不知有无好办法?

答: 为了提高辣椒的商品性，减少损耗，采收前后要进行一些处理。

第一，有些烂果是因为采收前在地里有病虫害导致的，因此应在采收前做好防病治虫工作，一般应在采前 10 ~ 15 天，喷洒适当的杀菌剂，如 10% 乙膦铝可湿性粉剂 200 倍液或 70% 代森锰锌可湿性粉剂 400 倍液。

第二，要做好挑选整修和分级工作，注意剔除有病虫害及有伤的果实。挑选整修与分级一同进行。分级要按销售地对等级的要求进行。

第三，应及时预冷（图 1-57），用厚度为 0.03 ~ 0.04 毫米的聚乙烯薄膜，制成 50 ~ 60 厘米长、30 厘米宽的塑料袋，在袋口下方 1/3 处，用打孔器打 2 ~ 3 个对称的小孔，随后装入辣椒，封住袋口，在预冷库预冷至温度 12.8℃以下。

图1-57　某合作社在预冷库对辣椒进行分级包装等工作

第三节　辣椒病虫草害关键问题

39. 辣椒越冬育苗谨防苗期猝倒病

问： 大棚辣椒越冬苗刚出来两片叶子，这一段时间温度低，闭着棚没有去打理，开晴来看发现许多的苗子倒伏了（图1-58），地上生有一层白毛，还能抢救吗?

答： 这是辣椒猝倒病，其典型症状是病苗基部出现水渍状不规则病斑，后绕茎扩展，茎基部缩缢变细呈线状，病株折倒死亡，叶片仍保持绿色，病苗表面及其附近土壤产生的棉絮状白霉为病原菌。该病是辣椒苗期经常发生的病害，高温高湿或长期阴雨、苗床低温高湿等均易发生。开始时零星发生，不易引起注意，后期向四周扩展，几天之内可引起成片倒苗。

图1-58　辣椒猝倒病病株

对倒苗严重的，建议重新补种育苗。对危害较轻的，要加强管理并用药剂防治。如及时间苗，尽量少浇水，发现病苗及时拔除；如遇阴雨天，床土过湿，可在苗床撒一薄层干细土或草木灰，加强苗床通风，晴好天中午前后揭去全部覆盖物；寒冷天做好防寒保温工作。

出现少数病苗时，可选用64%噁霜灵可湿性粉剂600倍液，或75%百菌清可湿性粉剂1000倍液，或68%精甲霜·锰锌水分散粒剂600～800倍液；或3%噁霉·甲霜水剂1000倍液，或15%噁霉灵水剂700倍液，或72.2%霜霉威水剂600倍液，或69%烯酰·锰锌可湿性粉剂800倍液，或25%甲霜铜可湿性粉剂1200倍液，或25%甲霜灵可湿性粉剂800倍液等喷雾防治，随后可均匀撒干细土降低湿度。苗床湿度大时，不宜再喷药水，可用甲基硫菌灵或甲霜灵等粉剂拌草木灰或干细土撒于苗床上。

40.早春大棚辣椒栽培苗期和生长期均需防立枯病

问：大棚辣椒定植刚缓苗不久，有些茎基部有一圈坏死斑（图1-59），严重的死了，只能补蔸了，可能还会继续发展，请问如何控制？

答：这是辣椒立枯病，主要特征是茎基部产生椭圆形暗褐色病斑，绕茎一周，皮层变色腐烂，干缩变细。该病是苗期的主要病害之一，生长期也易发生。发病原因可能是苗床带病，有些辣椒定植过深也是发病原因之一。

图1-59 辣椒立枯病病株

有机蔬菜在育苗时，每平方米用10^8个活孢子/克健根宝（微生物菌剂）可湿性粉剂10克与15～20千克细土混匀，1/3撒于种子底部，2/3覆于种子上面。发病初期，可用5%井冈霉素水剂1500倍液喷淋植株根茎部。

无公害或绿色蔬菜发病重的只能拔除，及时补大苗。因此，一是在定植穴用细泥封蔸时，只需把定植穴封严即可，切勿堆置过多的泥土，埋没茎秆。二是让菜苗带药下田。三是在有条件时用甲基硫菌灵或噁霉灵等蘸根后定植，或定植缓苗后用甲基硫菌灵或多菌灵灌根一次预防。四是对发病轻的或未表现症状的植株，可选用36%甲基硫菌灵悬浮剂500倍液，或20%甲基立枯磷乳油1200倍液，或15%噁霉灵水剂450倍液，或72%霜霉威水剂400倍液，或25%甲霜铜可湿性粉剂

1200 倍液等喷雾。一般每 7 天喷 1 次，连喷 2 ~ 3 次。喷药时注意喷洒茎基部及其周围地面。还可用 95% 噁霉灵原粉 4000 倍液浇灌。

41.辣椒苗期谨防灰霉病毁苗

问：辣椒苗是不是得了灰霉病（图 1-60）？发展太快了，请问有什么好防治措施吗?

答：辣椒苗发病仅靠用药是控制不住的，灰霉病一旦发生其分生孢子通过风的吹散传播特别快。目前，对发病严重的苗子只能彻底清除或隔离，防止传到轻病株处；发病轻的能采取人工清除发病中心的，最好人工清除，清除病源时要轻，尽量不接触健株。只有对发病轻或未发病的采取药剂防治才有效果。

图1-60　辣椒灰霉病

有机蔬菜初见病变或连阴雨天后，建议使用 100 万个孢子 / 克的寡雄腐霉菌可湿性粉剂 1000 ~ 1500 倍液或 2.1% 丁子・香芹酚水剂 600 倍液等喷雾防治。

无公害或绿色蔬菜一般用烟熏的效果比较均匀，如可每亩选用 10% 腐霉利烟熏剂 250 ~ 300 克，或 5% 百菌清烟熏剂 1000 克，或 20% 噻菌灵烟剂 300 ~ 500 克，或 45% 百菌清烟剂 200 克 +3% 噻菌灵烟剂 250 克等烟熏，于傍晚闭棚，次日早晨开棚。药剂应轮换使用。

未发病苗平时要注意用 50% 腐霉利可湿性粉剂 1000 ~ 1500 倍液或 25% 啶菌噁唑乳油 1000 ~ 2000 倍液提前预防。

发生重的宜选用配方药，如用 50% 啶酰菌胺水分散粒剂 1000 倍液 +50% 烯酰吗啉水分散粒剂 750 倍液，或 50% 异菌脲悬浮剂 800 ~ 1000 倍液 +25% 啶菌噁唑乳油 1000 ~ 2000 倍液喷雾防治。

42.辣椒苗期谨防霜霉病

问：辣椒叶片背面有似油渍状的东西，是茶黄螨为害吗?

答： 这是一例辣椒霜霉病疑似病例。从图片（图 1-61 ～图 1-63）看，越冬辣椒苗叶片背面有霉状物，叶片正面对应部表现为失绿变黄，有些叶片向上微卷，符合辣椒霜霉病的症状。而茶黄螨为害时，叶片多表现为向下卷，叶片较正常叶变小、变厚。另外，辣椒霜霉病与白粉病表现特征也非常接近。如有需要，可用显微镜镜检进行确诊。

图1-61　辣椒霜霉病叶片正面

图1-62　辣椒霜霉病叶片背面

图1-63
辣椒霜霉病田间发病状

辣椒霜霉病一般在低温高湿的条件下易发生。因此，大棚越冬育苗常采用通风散湿、提高大棚温度等措施防止发病。化学防治，可选用 72% 霜脲・锰锌可湿性粉剂 800 倍液，或 32.5% 苯甲・嘧菌酯悬浮剂 1000 倍液，或 50% 氟吗・锰锌可湿性粉剂 2000 倍液，或 68% 精甲霜・锰锌水分散粒剂 800 ～ 1000 倍液等药剂喷雾。

发病普遍时，可选用 50% 烯酰吗啉可湿性粉剂 2000 倍液 + 70% 代森联干悬浮剂 500 倍液，或 68.75% 氟菌・霜霉威悬浮剂 1000 倍液 + 70% 代森锰锌可湿性粉剂 600 倍液，在下雨前进行茎叶喷雾防治，视病情隔 7 ～ 10 天喷 1 次。

若湿度大不易排除，大棚最好使用 45% 百菌清烟雾剂 250 克 / 亩、

20% 百 • 福烟剂 250 ～ 300 克 / 亩或 20% 锰锌 • 霜脲烟剂 250 ～ 300 克 / 亩，于傍晚封闭棚室烟熏。

43. 辣椒白粉病要早防早治

问： 辣椒叶背面有许多白色物质，请问是什么？

答： 这是辣椒白粉病病叶（图 1-64）。辣椒白粉病在长江中下游地区一般从 6 月份开始发生，一直可延续到 10 月下旬。叶面出现白霉已是病害的晚期，病害流行时极难防治，要及早使用内吸性杀菌剂预防。

图1-64　辣椒白粉病病叶

生产上要密切注意观察，发病前期或初期只有下部少数叶片形成褪绿的黄色斑点，此时病原菌菌丝还处于叶片组织内部的萌发阶段。有机辣椒种植可及时喷洒 1000 亿芽孢 / 克枯草芽孢杆菌可湿性粉剂 1000 ～ 1500 倍液。无公害或绿色生产，可及时喷洒 2% 宁南霉素水剂 200 倍液、2% 春雷霉素水剂 400 倍液、2% 武夷菌素水剂 150 倍液或 2% 多抗霉素水剂 200 倍液。间隔 8 ～ 10 天防治 1 次，连续喷洒 2 ～ 3 次，将病害有效控制在发病初期。

发病初期或发病中期可使用触杀性和内吸性的杀菌剂，如可用 20% 三唑酮乳油 2000 倍液，或 2% 嘧啶核苷类抗生素水剂 200 倍液，或 10% 苯醚甲环唑水分散粒剂 2500 ～ 3000 倍液，或 25% 乙嘧酚悬浮剂 1500 ～ 2500 倍液，或 10% 己唑醇悬浮剂 2500 ～ 3000 倍液，或 43% 戊唑醇悬浮剂 3000 倍液，或 25% 嘧菌酯悬浮剂 1500 倍液，或 50% 醚菌酯水分散粒剂 2000 ～ 3000 倍液，或 25% 吡唑醚菌酯乳油 2000 ～ 3000 倍液，或 62.25% 腈菌•锰锌可湿性粉剂 600 倍液，或 40% 氟硅唑乳油 8000 ～ 10000 倍液，或 40% 苯甲 • 吡唑酯悬浮剂 1500 ～ 2500 倍液，或 20% 吡噻菌胺悬浮剂 2000 ～ 3000 倍液，或 43% 氟菌 • 肟菌酯悬浮剂 4000 ～ 5000 倍液等喷雾防治，或直接喷撒颗粒细的硫黄粉（气温 24℃以上）。严重时成株期用 25% 苯甲•丙环唑乳油 3000 倍液等喷雾防治。用药时，以上各类药剂可轮换使用，防止产生抗药性。7 ～ 10 天喷 1 次，连续喷洒 2 ～ 3 次。喷雾时要将药剂喷在叶片背面。

在使用内吸剂时要注意病菌的抗药性。在甲基硫菌灵使用效果不好的地方，可换用氟硅唑；在氟硅唑使用效果不好的地方，可用苯醚甲环唑和腈菌唑。邻近采收的地方可用武夷菌素。

44. 多雨天气应注意辣椒疫病的防控

问：辣椒大棚的棚膜不久前被风吹起，雨水灌进棚里后，发现有些植株的枝杈变黑，病部以上叶片如烫伤状萎蔫坏死，生有白色的霉状物，请问这是什么情况？

答：这是辣椒疫病（图 1-65）。在长江中下游地区，一般从 5 月中旬开始就有发生，特别是雨水多时，由发病中心通过雨水快速传播，严重时一周左右就有可能毁园。

图1-65　辣椒疫病植株发病状

在生产上，针对种苗传播可在定植前用 50% 烯酰吗啉可湿性粉剂 1500 倍液喷淋辣椒植株。

对常发病区，定植后应预防，浇缓苗水 7 天后，可用 5 亿菌落形成单位 / 毫升侧孢短芽孢杆菌 A60 1000 ～ 1500 倍液，或 3% 甲霜•噁霉灵水剂 600 ～ 800 倍液，或 68.75% 氟菌 • 霜霉威悬浮剂 1000 倍液喷淋，结合灌根预防。

对已发现的中心病株，应及时剪除病株、病枝，用生石灰或 45% 代森铵水剂 2000 倍液处理病株周围的土壤，对病株周围其他植株可选用 50% 甲霜铜可湿性粉剂 500 ～ 600 倍液，或 77% 氢氧化铜可湿性粉剂 500 倍液，或 68% 精甲霜・锰锌水分散粒剂 500 ~ 600 倍液，或 68.75% 氟菌・霜霉威水剂 800 倍液，或 72% 霜脲・锰锌可湿性粉剂 800 倍液，或 500 克/升氟啶胺悬浮剂 2500 ~ 3000 倍液等喷雾，7 ~ 10 天 1 次，连续 2 ~ 3 次，严重时每隔 5 天 1 次，连续 3 ~ 4 次。

45. 梅雨季节雨水多，辣椒谨防白绢病

问：辣椒叶片有些萎蔫了，拔出来一看，茎基部有不少的白色菌丝，请问是什么病？要如何防治？

答：这是辣椒白绢病（图 1-66、图 1-67），又叫南方疫病，在雨水多的季节易发生。已经发病了的只能拔除，并带出田外深埋或烧毁，同时在病穴及周围土壤上撒施消石灰消毒。

图1-66　辣椒白绢病田间植株萎蔫

图1-67　辣椒白绢病茎基部的白色绢丝状菌丝

其实，这块地近几年都发生过白绢病，由于白绢病是土传病害，一旦发病菌丝以及菌核残留在土壤中，可以存活 3 ~ 4 年，因此对发过该病的，建议近 4 年不能再种植辣椒、茄子和番茄等茄果类蔬菜，最好是实行水旱轮作。

如果连作了，应在定植时用 70% 五氯硝基苯粉剂与细土配成毒土[药：土 =1：(30 ~ 50)，每亩1.5 千克]穴沟施，或用 40% 三唑酮•多菌灵可湿性粉剂 800 ~ 1000 倍液作定根水淋施，或用哈茨木霉菌制剂配细土（1：100），穴沟施菌粉，每亩施 1 千克。

对已发病地块，全田采用药剂灌根防治，可选用 90% 敌磺钠原粉

300 倍液，或 20% 甲基立枯磷乳油 800 倍液，或 50% 五氯硝基苯可湿性粉剂 800 倍液，或 50% 啶酰菌胺水分散粒剂 1000 ~ 1500 倍液，或 70% 噁霉灵可湿性粉剂 1500 倍液等淋灌 1 ~ 2 次。

或用 15% 三唑酮可湿性粉剂、50% 甲基立枯磷可湿性粉剂、50% 异菌脲可湿性粉剂，按 1：（100 ~ 150）的比例拌细土撒施于茎基部。

46. 梅雨季节露地辣椒常发细菌性叶斑病

问：（现场）辣椒叶片从叶尖或叶缘向内出现水浸状圆形小点，不知是怎么回事，请问要如何防治？

答：这是辣椒细菌性叶斑病（图 1-68），近段时间雨水多，一旦发生发展很快。有些叶片的叶肉凹陷下去，呈薄膜状；有的穿孔，病健交界处明显，但不隆起，有别于细菌性疮痂病。防治的药剂跟疮痂病相似。可选用 50% 琥胶肥酸铜可湿性粉剂 500 倍液，或 47% 春雷·王铜可湿性粉剂 600 倍液，或 14% 络氨铜可湿性微粒粉剂 300 倍液，或 57.6% 氢氧化铜干粒剂 600 倍液，或 30% 氧氯化铜悬浮剂 700 倍液，或 50% 氯溴异氰尿酸可溶性粉剂 600 ~ 1000 倍液，或 20% 叶枯唑可湿性粉剂 600 ~ 800 倍液，或 12% 松脂酸铜乳油 600 ~ 800 倍液，或 20% 喹菌酮水剂 1000 ~ 1500 倍液，或 20% 噻唑锌悬浮剂 600 ~ 800 倍液，或 88% 水合霉素可溶性粉剂 600 ~ 1000 倍液等喷雾防治，隔 7 ~ 10 天喷 1 次，连喷 2 ~ 3 次。

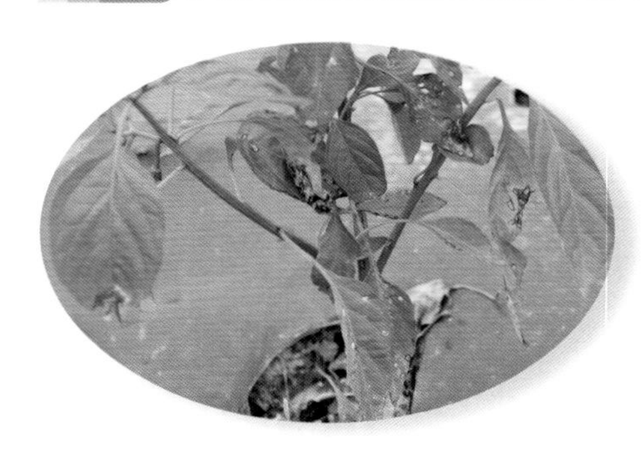

图1-68　辣椒细菌性叶斑病田间发病状

47. 高温多雨期注意防治辣椒细菌性病害

问：辣椒树顶上的叶片有些腐烂，有些变小且顶叶变黄，请问这是什么病？该怎么防治？

答：从图片（图 1-69、图 1-70）来看，主要是细菌性病害。近段时间气温高，雨水多，有利于细菌性叶斑病等病害的大暴发，此外也有轻度的花叶病毒病症状，建议选用氯溴异氰尿酸（或中生菌素、春雷霉素、氢氧化铜、春雷·噻唑锌）等防治细菌性病害的药剂＋寡糖·链蛋白（或香菇多糖、氨基寡糖素、菇类蛋白多糖、盐酸吗啉胍，所有药剂浓度按使用说明进行）等防治病毒病的药剂＋微量元素叶面肥喷施，防病提叶。

图1-69　辣椒细菌性病害至叶片腐烂掉落

图1-70　辣椒顶叶黄化皱缩变小

48.辣椒开花坐果期谨防根腐病毁园

问：（现场）有几株辣椒萎蔫死了，请问是不是与土面铺的油菜籽壳等有关？

答：这是辣椒根腐病（图1-71），根系已全部变褐（图1-72），根茎部的皮层轻轻一碰就脱落，根茎部及土壤中有大量的白色霉状物，这是病菌的分生孢子。该病主要为害辣椒根部及维管束，多发生在辣椒定植后至采果盛期。

其发病原因主要与近期雨水较多且气温较高有关，此外地下害虫为害导致伤口多或施入未充分腐熟的农家肥利于发病。土面虽然铺了一层油菜籽壳，但数量很少且是施在土面，应不是根腐病发生的原因。

由于该病属土传病害，发现该病要连根拔除病株，病穴撒石灰乳控

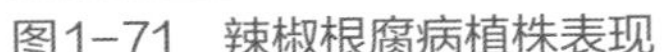

图1-71　辣椒根腐病植株表现

图1-72　辣椒根腐病根茎及根部表现

制病菌扩散。应及时防治地下害虫，农事操作时注意避免碰伤根部。

对有机蔬菜，早期可用 80 亿 / 毫升地衣芽孢杆菌水剂 500 ～ 750 倍液灌根预防。田间发生病害后，对未表现症状的，可选用 50% 琥胶肥酸铜可湿性粉剂 400 倍液或 47% 春雷 • 王铜可湿性粉剂 600 ～ 800 倍液灌根，每株灌 250 毫升，每 7 天浇灌 1 次，连续浇灌 3 次。

化学防治，对于常发地块，定植后结合浇水每亩施入硫酸铜 1.5 ～ 2 千克，可减轻发病。定植缓苗后，可选用 50% 多菌灵可湿性粉剂 600 倍液，或 50% 甲基硫菌灵可湿性粉剂 500 倍液，或 95% 噁霉灵可湿性粉剂 3000 倍液，或 50% 氯溴异氰尿酸水溶性粉剂 600 倍液，或 3% 噁霉 • 甲霜水剂 600 倍液等进行喷淋或灌根。由于根腐病是土传病害，一定要提前浇灌药液预防病害的发生。如发病后再施药，效果甚微。

49. 高温多雨季节谨防辣椒绵腐病

问： 有些辣椒果实挂在树上就软了，有些还长了白色的菌丝，请问应如何防治?

答： 这是辣椒绵腐病（图 1-73、图 1-74）。在辣椒果实上初期表现为水浸状病斑，后期为大型的水浸状病斑，湿腐状，湿润时病部长出白色絮状霉层。发病与近段的雨水多有关，特别是积水的地方容易发生。此处的辣椒准备连秋种植到初霜时节，田间积水的畦沟一定要疏通，不能出现什么病就只问用什么药，农业措施一定要跟上，要做到雨住田干。在摘辣椒时，发现病果一定要摘除，并随身带一个垃圾袋，运出田外销毁。

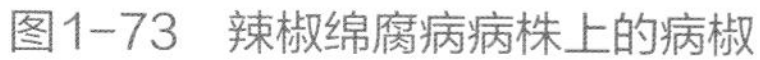

图1-73　辣椒绵腐病病株上的病椒

图1-74　辣椒绵腐病病果上生有棉絮状白霉

化学防治，可选用25%甲霜灵可湿性粉剂800倍液，或64%噁霜·锰锌可湿性粉剂500倍液，或58%甲霜·锰锌可湿性粉剂500倍液，或72.2%霜霉威水剂600倍液，或72%霜脲·锰锌可湿性粉剂500倍液，或77%氢氧化铜可湿性微粒粉剂600倍液等喷雾防治，5～7天1次，连用2～3次。

50.高温高湿时辣椒谨防疮痂病暴发成灾

问：辣椒叶子总是掉，有的还落果，请问是怎么回事?

答：这是辣椒细菌性疮痂病（图1-75），在叶片上的表现有多种，有的在叶片上表现出褐色不规则病斑，病斑边缘隆起（图1-76），连在一起，病斑周围大片呈黄褐色晕圈。有的在叶片边缘呈黄褐色或暗褐色的连片病斑（图1-77）。茎蔓上初生水浸状不规则的条斑（图1-78），暗绿色，后木栓化稍隆起，或纵裂呈溃疡状疮痂斑。

图1-75　辣椒疮痂病造成大量落叶

图1-76　辣椒疮痂病病叶上的小斑点

图1-77　辣椒疮痂病病叶

图1-78　辣椒疮痂病病枝

以上情况细菌性病害的药应是二十多天前打的，那个时候个别地块已经很严重了，这期间应打 3 次药，但只打一次，是难防治好的。该病在高温潮湿时易诱发，暴雨袭击和害虫为害加重病害。只要田间最初有 10% 的植株发病，其菌量就足够使整块田发病。早辣椒 6 月上中旬为发病高峰期。

在生产上，要使用石灰氮对土壤进行消毒，覆盖地膜，高温闷棚，杀死土壤中的病原菌。加强发病植株病残体的田间管理，将病株和杂草及时清除到田块外烧毁，而非堆积在田块边，避免雨水和灌溉水冲刷造成再次污染。采用高畦栽培、膜下灌水等方法，避免辣椒底叶与水直接接触，减少雨水和灌溉水飞溅造成的传播。雨季注意排水，防止积水，降低空气湿度，大雨过后和大雾结露时避免进行农事操作，防止细菌在高温高湿的环境中快速繁殖和传播。

有机生产，可选用 50 亿菌落形成单位 / 克多黏类芽孢杆菌可湿性粉剂 1000 ～ 1500 倍液，或 10 亿菌落形成单位 / 克解淀粉芽孢杆菌可湿性粉剂 1000 ～ 1500 倍液在定植成活后开始喷雾预防，间隔期 10 ～ 15 天，连续使用 2 ～ 3 次。

化学防治，可选用 77% 氢氧化铜可湿性粉剂 500 倍液，或 90% 新植霉素可湿性粉剂 4000 ～ 5000 倍液，或 20% 叶枯唑可湿性粉剂 800 倍液，或 3% 中生菌素可湿性粉剂 600 ～ 800 倍液，或 30% 噻唑锌悬浮剂 800 ～ 1200 倍液，或 2% 多抗霉素可湿性粉剂 800 倍液，或 78% 波尔 • 锰锌可湿性粉剂 500 倍液，或 47% 春雷 • 王铜可湿性粉剂 800 倍液，或 27.12% 碱式硫酸铜悬浮剂 800 倍液，或 50% 琥胶肥酸铜可湿性粉剂 400 ～ 500 倍液等喷雾防治，7 ～ 10 天 1 次，共 2 ～ 3 次，注意药剂要轮换使用。

用 20.67% 噁酮·氟硅唑乳油 1500 倍液 +25% 氯溴异氰尿酸 600 倍混合液喷雾，有很好的防治效果。还可用 750 倍的三氯异氰尿酸粉剂加磷酸二氢钾喷施叶片，有较好的防治效果。

51. 大棚辣椒坐果期叶片出现污霉病要虫病双治

问: 大棚里的辣椒得了污霉病（图 1-79），用了好多种药都没有效果，请问应如何防治?

答: 辣椒污霉病又叫煤污病，是大棚辣椒上的特有病害。发病后在叶片上先是出现污褐色圆形至不规则形霉点，然后霉点不断扩大，形成煤烟状物，可布满叶面、叶柄及果面，可引起病叶提早枯黄或脱落。该病是白粉虱或蚜虫等的排泄物诱发的真菌性病害。

要防治白粉虱（图1-80）、蚜虫等，可用25% 吡蚜酮悬浮剂 2500 ~ 4000 倍液，或 25% 噻嗪酮可湿性粉剂 2500 倍液，或 10% 吡虫啉可湿性粉剂 1000 倍液，或 1.8% 阿维菌素乳油 2000 倍液，或 1% 甲维盐乳油 2000 倍液，或 0.3% 印楝素乳油 1000 倍液，或 25% 噻虫嗪水分散粒剂 3000 倍液 +2.5% 高效氯氟氰菊酯水乳剂 1500 倍液等，于叶片正反两面均匀喷雾防治。

图1-79　辣椒污霉病病叶

图1-80　辣椒污霉病病叶上可见白粉虱

再加防治污霉病的药剂，可选用 50% 甲基硫菌灵可湿性粉剂 500 倍液，或 78% 波尔·锰锌可湿性粉剂 600 倍液，或 25% 嘧菌酯悬浮剂1000倍液，或68%精甲霜·锰锌水分散粒剂600倍液，或40%多菌灵胶悬剂600倍液，或50%乙霉灵可湿性粉剂1500倍液，或65%甲霉威可湿性粉剂500 ~ 2000倍液，或65%硫菌·霉威可湿性粉剂800 ~ 900倍液，或50%多霉清可湿性粉剂800 ~ 900倍液等喷雾防治，每隔10天左右喷1次，连续防治2 ~ 3次。

52.辣椒果实成熟期谨防黑斑病为害果实

问：辣椒患黑斑病（图1-81）请问要如何防治？

图1-81　辣椒黑斑病病果

答：从图1-81来看，辣椒果实上有一层黑色的霉，这应是辣椒黑斑病所致。辣椒黑斑病又叫黑霉病，该病的发生与日灼病有关，多发生在日灼处。发病重时，一个果实上生有几个病斑，或病斑连片形成更大的病斑，其上密生黑色霉层。发病盛期为6 ~ 8月份。

发病初期，可选用58%甲霜·锰锌可湿性粉剂500倍液，或50%乙烯菌核利可湿性粉剂1500倍液，或40%氟硅唑乳油10000倍液，或12.5%腈菌唑乳油2000倍液，或560克/升嘧菌·百菌清悬浮剂600 ~ 1000倍液，或50%异菌脲悬浮剂1000 ~ 1500倍液，或25%嘧菌酯悬浮剂1000 ~ 2000倍液等喷雾防治，隔7 ~ 10天喷1次，连续喷2 ~ 3次。

53.辣椒苗期和成株期均要注意匍柄霉叶枯病为害叶片致毁苗毁种

问：越冬辣椒苗叶片上有好多病斑，叶面上、叶缘或叶尖上都有

（图 1-82 ～图 1-85），有的叶片已经严重脱落，请问是不是大棚膜漏水或滴下的冷凝水造成的？

图1-82　辣椒叶枯病越冬苗后期发病状

图1-83　辣椒叶枯病单叶片上数个病斑

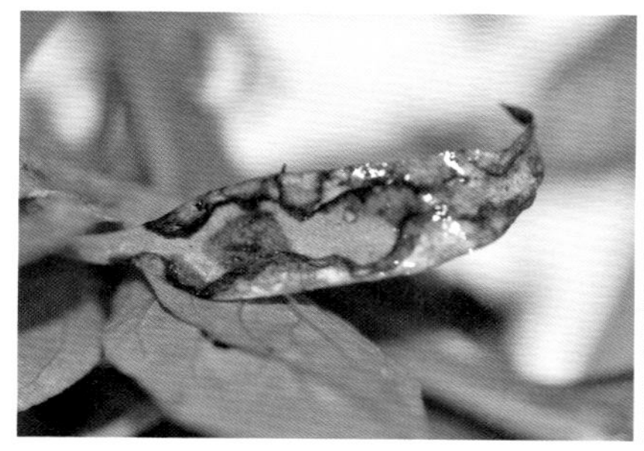

图1-84　辣椒叶枯病叶尖及叶缘病斑连片后枯死

图1-85　辣椒叶枯病叶缘病斑上的黑绒状霉层

答： 这种情况，编者以前对病叶进行过镜检，发现是辣椒匍柄霉叶枯病。该病又称灰斑病、叶枯病，是辣椒的一种重要病害，苗期和成株期均可发生。发病田病株率可达 90% 以上，叶片脱落严重，植株矮小，严重时田块毁种。苗期发生若误以为是雨水滴落造成的而不知是病害，不及时采取防治措施将导致病害加重，严重时毁棚。该病在成株期也易发生，初期叶片正背两面出现散生的褐色小斑点，扩大后中央灰白，边缘暗色，呈圆形或不规则形，大小 2 ～ 10 毫米不等，病斑外围有浅黄色晕圈。后期病斑中央坏死处常脱落穿孔，病叶易脱落，严重时整株叶片脱光成秃枝。苗期主要发病期在 12 月至翌年 2 月越冬苗中后期。成株期常在 6 月上旬出现中心病株。随着雨水增多，病害迅速发展，露地辣椒发病 6 月中下旬进入高峰期，如遇阴雨连绵落叶严重。

针对该病在苗期易发生，应对种子进行消毒，可用温水烫种；或用50% 苯菌灵可湿性粉剂 1000 倍液 +50% 福美双可湿性粉剂 600 倍液浸种 30 分钟，再用清水浸种 8 小时后催芽或直播；或每 50 千克种子用 2.5% 咯菌腈悬浮种衣剂 50 毫升，以 0.25 ~ 0.5 千克水稀释药液后均匀拌和种子，晾干后播种。越冬育苗及时通风，控制苗床温度和湿度。及时修补棚膜，防止漏水。

发病初期，可选用 68% 精甲霜・锰锌水分散粒剂 300 倍液，或 47% 春雷・王铜可湿性粉剂 700 倍液，或 40% 氟硅唑乳油 8000 ~ 10000 倍液，或 30% 多・福可湿性粉剂 700 ~ 800 倍液，或 25% 多・福・锌可湿性粉剂 700 ~ 800 倍液，或 10% 苯醚甲环唑水分散粒剂 800 ~ 1000 倍液，或 2% 武夷菌素水剂 200 倍液，或 64% 噁霜灵可湿性粉剂 500 倍液，或 12.5% 腈菌唑乳油 1500 倍液，或 64% 噁霜・锰锌可湿性粉剂 500 倍液等喷雾防治，隔 10 ~ 15 天喷 1 次，连喷 2 ~ 3 次。

病害严重时，可选用 68.75% 噁唑菌酮・锰锌水分散粒剂 800 倍液，或 44% 精甲霜・百菌清悬浮剂 500 ~ 650 倍液，或 66.8% 丙森・异丙菌胺可湿性粉剂 700 倍液，或 56% 嘧菌・百菌清悬浮剂 800 ~ 1200 倍液，或 64% 氢铜・福美锌可湿性粉剂 600 ~ 800 倍液等喷雾，视病情间隔 7 ~ 10 天喷 1 次。

54. 高温多雨季节辣椒易得青枯病

问： 下雨前只有一两株辣椒出现叶片萎蔫现象（图 1-86），这几天连续下了几天雨，开晴发现好多的辣椒植株叶片萎蔫，早晨与晚上又恢复，没有当回事，结果慢慢地就死了，请问用什么药防治?

答： 这种高温多雨季节，辣椒最易出现青枯病，一旦发生易毁园，特别是连续阴雨日易导致病菌传播，一般田间辣椒出现叶片萎蔫又恢复的症状，往往是辣椒青枯

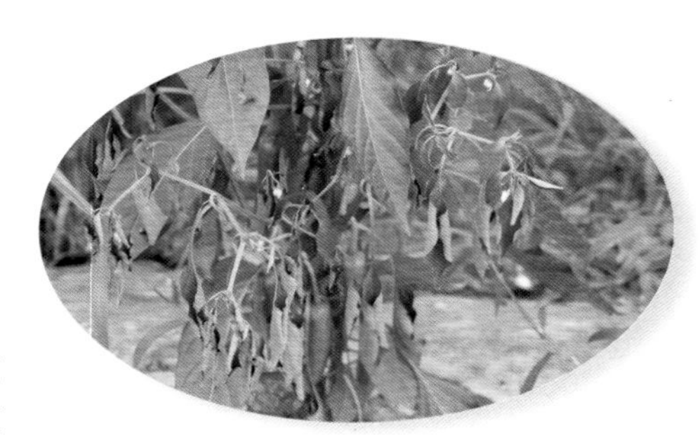

图1-86　辣椒青枯病初期部分萎蔫状

病发生的前兆。此时就应开始预防，该病目前尚无特效农药，应以预防为主，综合防治。

对于酸性土壤，宜每亩施 100 ～ 150 千克石灰或草木灰调节酸度；增施磷钾肥，定植穴中增施火土灰或“5406”菌肥及酵素菌肥，或喷施 10 毫克 / 千克硼酸。深沟高畦，雨后及时排水。施用除草剂，尽量少中耕或不中耕。及时拔除病株，并向病穴及周围土壤灌 20% 甲醛液或 20% 石灰水消毒，同时停止灌水，多雨时或灌溉前撒消石灰也可以。

生物防治，田间发病一般使用 8 亿活芽孢 / 克蜡质芽孢杆菌可湿性粉剂 80 ～ 120 倍液，或 20 亿活芽孢 / 克蜡质芽孢杆菌可湿性粉剂 200 ～ 300 倍液，每株需要灌药液 150 ～ 250 毫升。

化学防治，应在发病前喷淋 50% 琥胶肥酸铜可湿性粉剂 500 倍液，或 14% 络氨铜水剂 300 倍液，或 5% 井冈霉素水剂 1000 倍液，或 77% 氢氧化铜可湿性粉剂 500 倍液，或 27.12% 碱式硫酸铜悬浮剂 800 倍液，或 50% 代森铵水剂 1000 倍液等，7 ～ 10 天 1 次，连续喷 3 ～ 4 次。也可用 50% 敌枯双可湿性粉剂 800 倍液或 12% 松脂酸铜乳油 1000 倍液灌根，每株 300 ～ 500 毫升，10 天 1 次，共灌 2 ～ 3 次。

55. 辣椒条斑病毒病要虫病兼治

问： 如图 1-87 ～图 1-89 所示，请问这是什么病害？

图1-87　辣椒条斑病毒病病叶

图1-88　辣椒条斑病毒病病枝

答：这是辣椒病毒病的一种，即条斑病毒病，可以侵染果实、茎秆，有时可以与花叶病毒病混发，在叶片同时表现出花叶。叶片主脉呈褐色或黑色坏死，逐渐扩展到侧枝，果实上则有一条条的褐色条纹或密布黄褐色的斑点。主要采取如下措施防治。

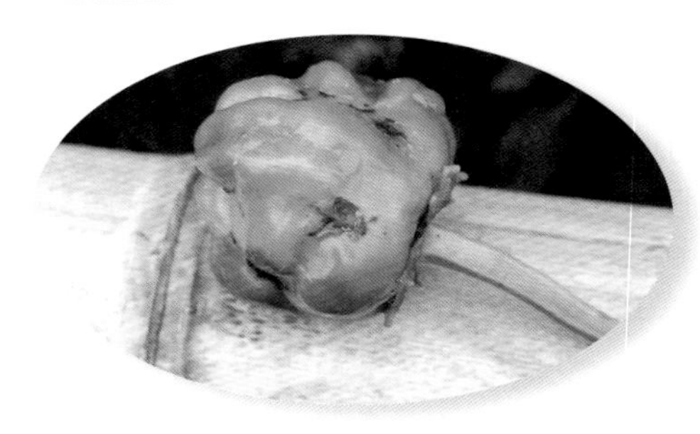

图1-89　辣椒条斑病毒病病果

一是杀虫。可用吡虫啉、噻虫嗪、多杀霉素等药剂进行叶面喷洒，每隔 7 ～ 10 天喷洒 1 次，防治病毒病的传播。

二是喷洒营养液。可叶面喷洒甲壳丰或激抗菌 968 或 0.1% 的硫酸锌等叶面肥，每次选择一种叶面肥，每隔 7 天左右喷洒 1 次，可有效预防病毒病的侵染。

三是喷洒抗病毒药剂。如选用吗啉胍・乙铜、宁南霉素、香菇多糖等防治病毒的药剂，以预防病毒病的发生或减轻病毒病的为害。

56. 春辣椒生长后期谨防炭疽病毁园

问：满田的辣椒果实上有许多的“铜钱疤疤”（图 1-90），这样的辣椒失去商品价值，每亩田至少减收千余元，请问有什么办法防治吗？

答：这是辣椒炭疽病，是为害辣椒的常见多发性病害，除了为害果实，叶片和茎也可受害（图 1-91）。露地栽培多从 6 月上中旬进入结果期后开始发病。高温多雨高湿的天气易发病流行，刚好国庆节这段时

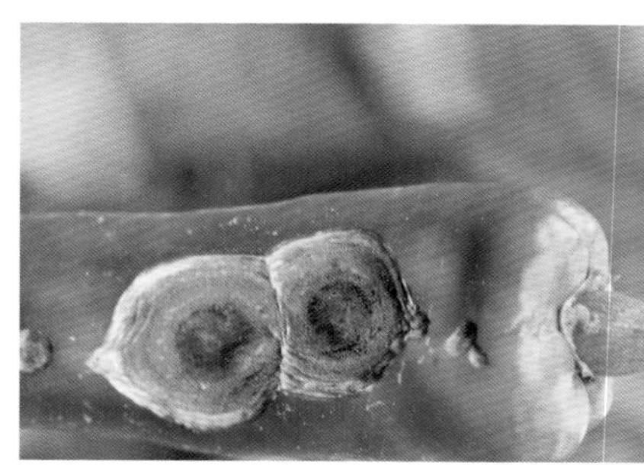

图1-90　辣椒红色炭疽病病果

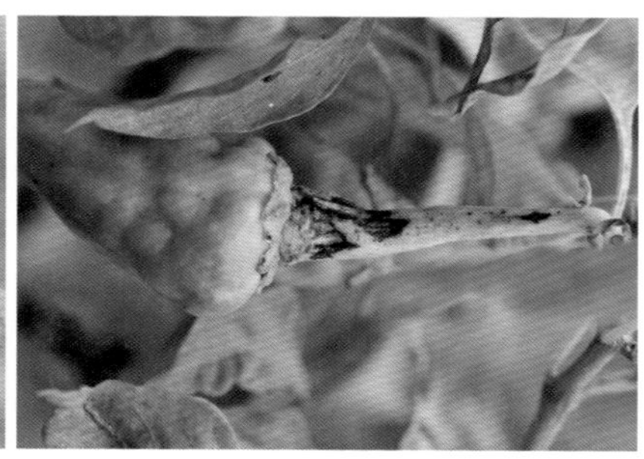

图1-91　辣椒炭疽病发病果梗

间适合发病。

有机蔬菜，可选用1.5%苦参碱·蛇床子素水剂1600～2000倍液等喷雾防治。

无公害或绿色蔬菜，大棚内可烟熏。用45%百菌清烟剂200克/亩，按包装分放5～6处，傍晚由棚室里向外逐次点燃后闭棚，次日早晨打开棚室，进行正常田间作业。视病情间隔5～10天施药1次。

也可喷雾防治，可选用70%甲基硫菌灵可湿性粉剂600～800倍液，或25%嘧菌酯悬浮剂1500倍液，或40%氟硅唑乳油5000～6000倍液，或10%苯醚甲环唑水分散粒剂800～1000倍液，或47%春雷·王铜可湿性粉剂600～800倍液，或42%三氯异氰尿酸可湿性粉剂800～1000倍液，或25%吡唑醚菌酯乳油1500倍液，或20%唑菌胺酯水分散粒剂1000～1500倍液，或22.5%啶氧菌酯悬浮剂1200～1800倍液，或20%二氰·吡唑酯悬浮剂1500～2000倍液，或20%硅唑·咪鲜胺水乳剂2000～3000倍液，或75%肟菌·戊唑醇水分散粒剂2000～3000倍液，或32.5%苯甲·嘧菌酯悬浮剂1000倍液等喷雾，7～10天1次，共3次。喷药时加入1∶800倍高产宝效果更佳。

57.辣椒生长后期应补施磷肥防治紫皮果

问：辣椒果实上出现一些紫色的物质（图1-92），请问对人体有无害处？

答：没有害处。这是辣椒因缺磷障碍表现出来的生理性病害，叫紫斑病，又叫花青素症，这种紫斑块在辣椒上表现没有固定的形状，大小不一，其发生原因是植株根系吸收磷素困难，或是土壤缺磷等导致的。该病一般在多年种菜的老菜地发生多。近段时间天气气温较高，加上春辣椒到了生长后期，易缺磷导致紫斑病。

图1-92　辣椒缺磷导致的紫斑病果

一般生产上提倡多施有机肥，提高土壤中磷的有效供给量。注意施用镁肥，因为缺镁会抑制对磷的吸收。在果实生长期，适时叶面喷施磷酸二氢钾 200 ~ 300 倍液，可缓解症状。

58. 辣椒结果期要注意叶面补钙防治脐腐病

问： 辣椒果实的尖部坏死，后期腐烂（图 1-93、图 1-94），失去商品价值，请问是什么原因？

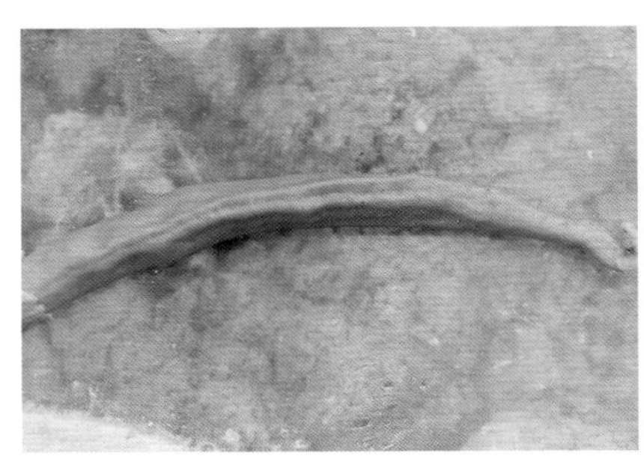
图1-93　辣椒脐腐病发病初期

图1-94　辣椒脐腐病为害大半个果实顶端

答： 这辣椒果实患了脐腐病。脐腐病又称顶腐病或蒂腐病，主要为害果实。果实受害后顶部（脐部）呈水渍状，病部暗绿色或深灰色，后迅速扩大变为暗褐色，直径 2 ~ 3 厘米，有时可扩大到近半个果实。患部组织皱缩，表面凹陷，常伴随弱寄生菌侵染而呈黑褐色，内部果实变黑，但仍较坚实，如遭软腐细菌侵染，常引起软腐。该病系缺钙引起的生理病害。

防治方法主要是补充钙肥。在坐果后期每亩追施硝酸钙 10 千克，或用过磷酸钙、米醋各 50 克浸出液兑水 15 千克叶面喷洒，解症促长，也可连续喷施绿芬威 3 号等钙肥，效果明显。

该现象提醒菜农，由于钙不易移动，辣椒、番茄、茄子等茄果类蔬菜在结果期应注意防治病虫害时结合叶面补施钙、硼等中微量元素肥料。

59. 辣椒生长后期应整枝打叶使通风透气，以减少软腐病果

问： 前段时间雨水多，一直不能喷药防治，有的辣椒成了“一兜水”

（图 1-95），地下掉了一层，请问是什么病？

答： 农业生产要看中长期的天气预报，若发现有连续的阴雨天，一定要抢在下雨前用一次药预防病虫害。这个是雨水多导致的辣椒软腐病，该病在高温高湿、密植郁闭的环境条件下最易发生，主要为害果实。高温高湿的 7 ～ 9 月份，棉铃虫、烟青虫等钻蛀性害虫猖獗，病害发生严重。

图1-95　辣椒软腐病病果

因此，一是要加强肥水管理，防止田间积水，后期要加强整枝打叶，使株间通风透气，降低湿度。二是及时防治烟青虫、棉铃虫等钻蛀性害虫。三是注意在雨前雨后及时喷洒药剂，有机蔬菜可选用 50% 琥胶肥酸铜可湿性粉剂 500 倍液，或 77% 氢氧化铜可湿性粉剂 500 倍液，或 14% 络氨铜水剂 300 倍液等铜制剂喷雾防治。无公害或绿色蔬菜可选用 90% 新植霉素可溶性粉剂 4000 倍液，或 50% 代森铵水剂 600 ～ 800 倍液，或 70% 琥・乙膦铝可湿性粉剂 2500 倍液，或 50% 敌磺钠原粉 500 ～ 1000 倍液，或 78% 波尔・锰锌可湿性粉剂 500 倍液，或 50% 氯溴异氰尿酸可溶性粉剂 1200 倍液等喷雾防治，6 ～ 7 天 1 次，连喷 3 ～ 4 次，注意药剂交替使用。严重时则喷施 88% 水合霉素可溶性粉剂 1500 倍液 +25% 氯溴异氰尿酸 600 倍液。

60. 辣椒苗期开春后注意防治美洲斑潜蝇

问： 辣椒苗叶片上有许多小苍蝇为害，请问用什么药防治效果较好？

答： 辣椒苗叶片上的虫子是美洲斑潜蝇（图 1-96），主要以幼虫为害，在辣椒等蔬菜的叶片内取食叶肉，使叶片布满蛇形蛀道，受害后

图1-96　美洲斑潜蝇为害辣椒叶片

叶片光合作用差，逐渐萎蔫，严重时可全株死亡。

在早春大棚育苗时，可每隔2米吊1块黄板（规格20厘米 ×20厘米），稍高于叶片顶端，可粘杀有翅蚜、美洲斑潜蝇、菜粉蝶、飞虱、黄曲条跳甲等害虫。化学药剂防治可选用1.8%阿维菌素乳油5000倍液，或75%灭蝇胺可湿性粉剂5000倍液，或80%敌敌畏乳油800倍液，或1%甲氨基阿维菌素苯甲酸盐乳油3000～4000倍液等喷雾防治。

61.辣椒从苗期开始应严防蚜虫

问：（现场）移栽的大棚辣椒已经缓苗了，随着天气越来越暖和，长势很好，应该没有什么病虫害吧？

答：有没有病虫害，要蹲下来认真观察，翻翻叶片，看看背面，检查一下嫩芽和嫩叶，因为这些脆弱的地方容易被病虫害为害。观察发现大棚辣椒上已有蚜虫（图1-97）了，生产上一旦发现蚜虫要尽早除小除了。

图1-97　辣椒叶背面的蚜虫

有机蔬菜，可选用7.5%鱼藤酮乳油1500倍液或0.3%苦参碱水剂400～600倍液喷雾。也可用辣椒水喷洒进行防治。辣椒水的制作方法是：用10克红干椒（辣味尽量浓一些）加水1升，煮沸15分钟，晾凉后喷洒。

还可以采用物理防治。即利用蚜虫对黄色有较强趋性的原理，在田间设置黄板，上涂机油或其他黏性剂诱杀蚜虫。还可利用蚜虫对银灰色有负趋性的原理，在田间悬挂或覆盖银灰膜，每亩用膜5千克。或在大棚周围挂银灰色薄膜条（10～15厘米宽），每亩用膜1.5千克，可驱避蚜虫。也可用银灰色遮阳网、防虫网覆盖栽培。

化学防治应选择有触杀、内吸、熏蒸作用的药剂，可选用5%顺式氯氰菊酯乳油10000倍液，或20%吡虫啉浓溶剂5000倍液，或20%氰戊菊酯乳油3000倍液，或10%氯氰菊酯乳油2000倍液等喷雾防治。喷雾时喷头应向上，重点喷施叶片反面。空气相对湿度低时，要加大喷液量。

62.高温季节谨防甜菜夜蛾咬食辣椒叶片成灾

问： 辣椒叶片好多都被咬成了穿孔状，请问是怎么回事？

答： 仔细找找，在有些卷起来的嫩叶里或有新鲜虫粪的植株上可以找到幼虫（图 1-98），这是甜菜夜蛾，是一种高温暴食型害虫，几乎可为害番茄、青椒，以及甘蓝、花椰菜、白菜、萝卜、莴苣等所有作物，几天就可把叶片吃光，因此一旦发现应及时防控。高温天气要早晚用药，并注意选用不同的药剂轮换使用。

图1-98　辣椒叶片上的甜菜夜蛾为害

有机蔬菜可使用苏云金杆菌制剂进行防治。成片种植建议在成虫始盛期，在大田设置黑光灯、高压汞灯及频振式杀虫灯诱杀成虫，同时利用性诱剂诱杀成虫。

化学防治，可选用 5% 增效氯氰菊酯乳油 1000 ~ 2000 倍液与菊酯伴侣 500 倍液混合液，或 2.5% 高效氟氯氰菊酯乳油 1000 倍液与氟虫脲乳油 500 倍液混合液，或 5% 高效氯氰菊酯乳油 1000 倍液与 5% 氟虫脲可分散液剂 500 倍液混合液，或 10% 虫螨腈悬浮剂 1000 倍液，或 24% 甲氧虫酰肼悬浮剂 2000 倍液，或 15% 茚虫威悬浮剂 3500 ~ 4000 倍液等喷雾防治。

63.辣椒坐果期谨防棉铃虫幼虫蛀食果实

问： 近几天采摘辣椒时发现一些辣椒黄了、掉了，掰开一看，里面有许多的虫粪，又找不到虫子，请问这是什么虫子为害？

答： 辣椒坐果期蛀食辣椒的有两种虫子，一种是棉铃虫的幼虫，一种是烟青虫的幼虫，有转株为害习性，一般在已黄掉的辣椒里找不到，可以在一些蛀孔较为新鲜尚未掉的辣椒里找到幼虫，经查找新鲜蛀孔发现是棉铃虫幼虫（图 1-99、图 1-100）为害。果实被蛀孔后，由于便于雨水、病菌流入引起腐烂，所以果实大量被蛀会导致果实腐烂脱落，造成减产。

图1-99　辣椒树上被虫蛀食的变黄辣椒

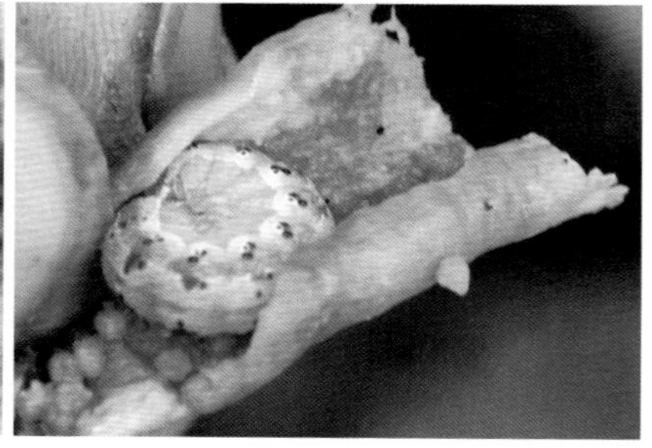

图1-100　棉铃虫幼虫蛀食辣椒果实

一般对大的集中连片的基地，可用频振式杀虫灯诱杀（图 1-101），每 60 亩安装一盏，接口处离地面 1.2 ~ 1.5 米，每隔 2 ~ 3 天清理一次接虫袋，但在诱杀高峰期，必须每天清理一次。

图1-101　基地频振式杀虫灯

有机蔬菜，用 8000 国际单位 / 微升苏云金杆菌悬浮剂 500 倍液喷雾防治，或每亩用 10 亿 PIB/ 克棉铃虫核型多角体病毒可湿性粉剂 80 ~ 150 克，或 20 亿 PIB/ 毫升棉铃虫核型多角体病毒悬浮剂 80 ~ 100 毫升，兑水 45 千克喷雾，与苏云金杆菌配合施用效果好。也可用 7.5% 鱼藤酮乳油 1500 倍液，或 0.3% 苦参碱水剂 400 ~ 600 倍液，或 0.5% 藜芦碱可溶液剂 800 ~ 1000 倍液喷雾。

化学防治，于采收高峰期前，在虫卵孵化高峰 3 ~ 4 天后，选用 5% 氟啶脲或氟虫脲乳油 1000 倍液，或 25% 氯虫•氯氟氰微囊悬浮剂 1500 倍液，或 30% 氯虫•噻虫嗪悬浮剂 3000 倍液，或 20% 氟虫双酰胺水分散粒剂 3000 ~ 4000 倍液，或 5% 氯虫苯甲酰胺悬浮剂 800 ~ 1500 倍液，或 20% 虫酰肼悬浮剂 800 ~ 1500 倍液，或 5% 多杀菌素乳油 1000 倍液，或 1% 甲维盐乳油 3000 倍液，或 2.5% 高效氟氯氰菊酯水剂 1000 倍液，或 10% 溴氰虫酰胺可分散油悬浮剂 2500 ~ 3000 倍液，或 22% 氰氟虫腙悬浮剂 600 ~ 800 倍液等喷雾防治。钻蛀后宜在早晨或傍晚幼虫钻出活动时喷药。

64. 高温期间大棚辣椒谨防茶黄螨毁园

问：（现场）这大棚辣椒是不是药害？为什么施肥不能缓解？

答： 这不是药害，这是典型的茶黄螨为害，嫩叶片向下卷缩（图1-102，区别于病毒病，病毒病的叶片一般是向上卷，或表面凹凸不平等），摸起来叶片有粗硬感，叶片背面可以看到褐色油渍状发亮（图1-103），结的辣椒小而短，有的表面已有木栓化的组织（图1-104），完全失去了商品性，生长点萎蔫、秃顶，花蕾萎蔫（图1-105），不能开花。螨虫虫体较小，一般肉眼难于发现，需借助放大镜或显微镜。由于判断失误，整个大棚的辣椒已100%受茶黄螨为害了，处于毁园状态。

图1-102　茶黄螨为害大棚辣椒致叶片向下卷缩

图1-103　茶黄螨为害，辣椒叶背呈褐色油渍状发亮

图1-104　茶黄螨为害辣椒导致的木栓化果实

图1-105　茶黄螨为害辣椒致生长点萎蔫不开花

茶黄螨繁殖力强，应注意及早发现、及时防治。有机蔬菜，可利用尼氏钝绥螨、德氏钝绥螨、冲蝇钝绥螨等防治，对茶黄螨有明显的抑制作用。此外，蜘蛛、捕食性蓟马、小花蝽、蚂蚁等天敌也对茶黄螨具有

一定的控制作用，应加以保护利用。还可选用生物制剂，如 0.3% 印楝素乳油 800 ~ 1000 倍液，或 2.5% 洋金花生物碱水剂 500 倍液，或 45% 硫黄悬浮剂 300 倍液，或 99% 机油（矿物油）乳剂 200 ~ 300 倍液，或 1% 苦参碱可溶性液剂 1200 倍液，或 1.2% 烟碱 · 苦参碱乳油 1000 ~ 1200 倍液，或 10% 浏阳霉素乳油 1000 ~ 2000 倍液等喷雾防治。

无公害或绿色蔬菜，可选用 1.8% 阿维菌素乳油 2000 ~ 3000 倍液，或 10% 阿维 · 哒螨灵可湿性粉剂 2000 倍液，或 3.3% 阿维 · 联苯菊酯乳油 1000 ~ 1500 倍液，或 15% 浏阳霉素乳油 1500 倍液，或 5% 唑螨酯悬浮剂 2000 倍液，或 1% 甲维盐乳油 3000 ~ 5000 倍液，或 24% 螺螨酯悬浮剂 4000 ~ 6000 倍液，或 5% 噻螨酮乳油 2000 倍液，或 20% 哒螨灵乳油 1500 倍液，或 73% 炔螨特乳油 2000 倍液等喷雾防治。螨虫严重时世代重叠，卵、若虫、成虫同时存在，所以在防治中要做到虫卵兼杀。杀螨剂中杀卵效果较好的主要有螺螨酯、乙螨唑等，杀成螨效果较好的有阿维菌素、炔螨特、哒螨灵等。要想保证效果可将这两类药剂混用。

大棚内还可用 10% 哒螨灵烟剂 400 ~ 600 克 / 亩，熏烟。

65. 扶桑绵粉蚧为检疫性害虫，一旦发现应及时防控

问:（现场）辣椒上面的这种白色似小甲鱼样的虫子（图 1-106 ~ 图 1-108）是什么虫？其在辣椒的果实上、叶片上、枝干上到处都有，不知用什么药防治效果好？

答: 这种害虫叫扶桑绵粉蚧，属检疫性害虫，生产上一旦发现应及时歼灭，防止扩散。该虫一旦发生防治较为困难，且由于其扩散快、寄主范围广等特点，若不及时采取措施，任其自然发展，将对蔬菜生产造成较大的损失。已知寄主植物有 57 科 200 多种。其中，以锦葵科、茄科、菊科、豆科为主，包括田间作物、蔬菜、观赏植物、杂草、灌木和乔木等。在蔬菜上除发现为害辣椒外，还可为害南瓜、冬瓜、丝瓜、苦瓜、茄子、番茄、空心菜等。

以雌成虫和若虫吸食汁液为害，为害幼果可造成果实畸形，失去商品性；受害植株生长势衰弱，生长缓慢或停止，结果少，果实变小、畸形。害虫分泌的蜜露影响果实商品性，并诱发煤污病。

图1-106　为害辣椒枝、花

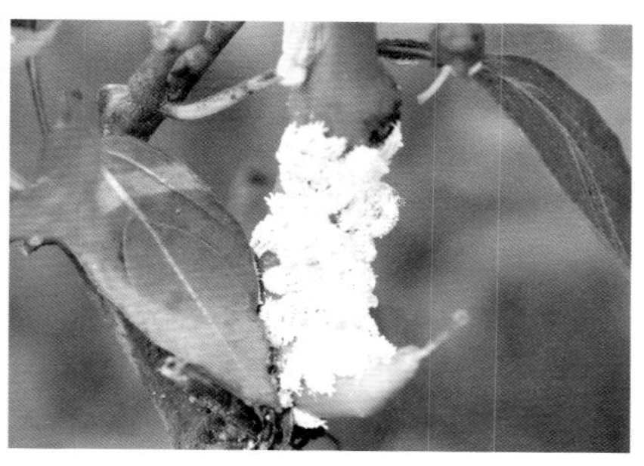

图1-107　为害辣椒果实

图1-108
辣椒叶背面的成虫

防治措施如下。

一是加强农业措施。把农田周边有扶桑绵粉蚧的杂草铲除并烧毁，将有扶桑绵粉蚧的植株落叶及枯枝清理烧毁。进行冬耕冬灌，消灭越冬虫蛹，降低和减少越冬基数，减轻为害发生。点片发生时，人工刷抹有虫茎蔓。

二是采用化学防治。在若虫分散转移期分泌蜡粉形成介壳之前选用70% 吡虫啉水分散粒剂 5000 倍液，或 20% 啶虫脒乳油 1500 ～ 2000 倍液，或 5% 氯氰菊酯乳油 3000 ～ 4000 倍液，或 5.7% 高效氯氟氰菊酯乳油 3000 ～ 4000 倍液，或 24% 螺虫乙酯悬浮剂 2500 倍液，或 65% 噻嗪酮可湿性粉剂 2500 ～ 3000 倍液，或 33% 吡虫啉 · 高效氯氟氰菊酯微粒剂（2.31 ～ 2.64 克 / 亩），或 25% 噻虫嗪水分散粒剂 5000 倍液（灌根时用 2000 ～ 3000 倍液）等喷雾防治。

由于该虫分泌蜡粉，施药时如用含油量 0.3% ～ 0.5% 柴油乳剂或黏土柴油乳剂混用，可增加防治效果。该虫世代重叠，要尽量选择低龄若虫高峰期进行，喷雾时要整株喷药，上下正反喷洒周到。发生严重的地方要向土壤施药，使药剂能够渗入到根部，以消灭地下种群。

66.瘤缘蝽发生多时应及时防治

问：（现场）辣椒茎秆上、叶片上（图 1-109、图 1-110）生有一堆堆的黑褐色虫子，它们对辣椒植株有影响吗？

图1-109　辣椒茎秆上的瘤缘蝽若虫

图1-110　瘤缘蝽成虫、若虫在辣椒叶上为害

答：这是瘤缘蝽，又叫辣椒缘蝽、瘤缘椿象，在生产上确实不太多见，但一旦发生对生产有一定的影响，以成虫、若虫群集或分散于寄主作物的地上绿色部分，刺吸为害，但以嫩梢、嫩叶与花梗等部位受害较重。果实受害局部变褐、畸形；叶片卷曲、缩小、失绿；刺吸部位有变色斑点，严重时造成落花落叶，整株出现秃头现象，甚至整株、成片枯死。

一般情况下不需要专门防治，在防治棉铃虫等害虫时可兼杀之。

个别成堆发现时可人工捕捉，捏死高龄若虫或抹除低龄若虫及卵块。利用其假死习性，在辣椒等寄主作物植株蔸下放一块塑料薄膜或盛水的脸盆，摇动辣椒等寄主作物，成虫、若虫会迅速落下，然后集中杀死。

化学防治。一般选择高效、低毒、低残留农药，在瘤缘蝽若虫孵化盛期施药，若世代重叠明显，间隔 10 天左右视虫情进行第二次施药。可选用 10% 虫螨腈悬浮剂 1000 ~ 2000 倍液，或 4.5% 高效氯氰菊酯乳油 1000 ~ 1500 液，或 2.5% 高效氯氟氰菊酯乳油 2000 倍液，或 20% 氰戊菊酯乳油 1000 ~ 2000 倍液，或 40% 啶虫脒水分散粒剂 3500 倍液，或 5% 氟啶脲乳油 1000 ~ 2000 倍液，或 80% 敌敌畏乳油 1000 倍液，或 6.3% 阿维・高氯可湿性粉剂 4000 倍液，或 50%

辛硫磷乳油1500 ~ 2000倍液，或24%氰氟虫腙悬浮剂800倍液，或25%噻虫嗪水分散粒剂4000倍液，或2.5%溴氰菊酯乳油1500倍液等喷雾防治。隔10天1次，防治1 ~ 2次。

67. 大棚辣椒发现温室白粉虱应除早除少除了

问：（现场）辣椒地里有好多的白色小虫子飞来飞去，叶片上布满了黑黑的一层霉（图1-111、图1-112），结出来的辣椒果实上也有一层灰，没有商品性，这还有救吗？

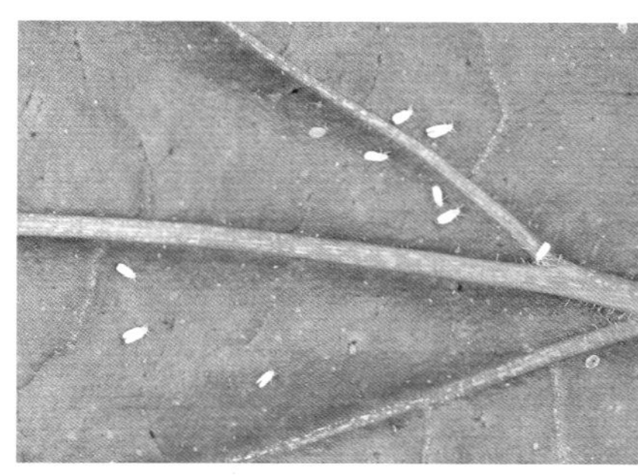

图1-111 白粉虱成虫为害辣椒叶片

图1-112 辣椒上的温室白粉虱诱发的煤污病

答：这飞来飞去的白色虫子叫温室白粉虱，又称小白蛾子，大棚里一旦发现，若不及时防治，很容易暴发成灾，而且该虫子容易产生抗药性，防不胜防。温室白粉虱不但严重降低蔬菜商品性，还是病毒病的主要传播者。其分泌大量蜜液，严重污染叶片和果实，往往引起煤污病的大发生，使蔬菜失去商品价值。有经验的菜农一旦发现个别的白粉虱就立即防治，务必除早除少除了。

生产上可利用黄板诱杀（图1-113）来观察白粉虱的发生情况，同时可起到杀虫作用。白粉虱具有强烈的趋黄性，采用黄板诱杀的方式可以有效控制白粉虱为害，并且安全、无污染，不会造成农药残留。当诱虫板上粘的害虫数量较多时，用钢锯条或木竹片及时将虫体刮掉，并及时重涂黏油，可重复使用。黄色诱虫板诱杀可与释放丽蚜小蜂等协调运用。

有机蔬菜，可选用0.3%苦参碱水剂600 ~ 800倍液，或1.5%除虫菊素乳油600 ~ 800倍液，或5%鱼藤酮可溶性液剂400 ~ 600

图1-113　辣椒田插黄板诱杀白粉虱

倍液，或0.3%印楝素乳油1000～1300倍液，或10%烟碱乳油800～1200倍液，或6%烟•百•素乳油1000～1500倍液等喷雾防治。

无公害和绿色蔬菜，可选用化学药剂熏杀：扣棚后将棚的门、窗全部密闭，每亩用35%吡虫啉烟雾剂340～400克，或17%敌敌畏烟雾剂340～400克，或3%高效氯氰菊酯烟雾剂250～350克，或20%异丙威烟雾剂200～300克，熏蒸大棚，以消灭迁入温棚内越冬的成虫。

或当被害植物叶片背面平均有10头成虫时，进行喷雾防治。可选用3%啶虫脒乳油1500～2000倍液，或25%吡蚜酮悬浮剂2500～4000倍液，或25%噻嗪酮可湿性粉剂2500倍液，或10%吡虫啉可湿性粉剂1000倍液，或1.8%阿维菌素乳油2000倍液，或1%甲维盐乳油2000倍液，或25%噻虫嗪水分散粒剂3000～4000倍液，或25%噻虫嗪水分散粒剂3000倍液+2.5%高效氯氟氰菊酯水乳剂1500倍液，于叶片正反两面均匀喷雾。

由于白粉虱世代重叠，在同一时间同一作物上存在各种虫态，而当前药剂没有对所有虫态皆有效的种类，所以采用药剂防治时必须连续几次用药。白粉虱繁殖迅速且易于传播，在一个地区范围内采取联防联治，以提高防治效果。

68.蓟马为害辣椒花朵、叶及果，应充分重视尽早防治

问：（现场）辣椒嫩叶呈兔耳朵状（图1-114），请问是不是病毒病？

答：不是病毒病。仔细观察，辣椒嫩叶片可见银色的取食疮疤，

叶片硬、小、细长、皱缩，顶叶不能展开，形似兔耳状，这是蓟马为害。仔细观察辣椒的花上有一种很细小的虫子（图 1-115），这就是蓟马，有些花朵里面也有不少，导致花朵不孕或不结实。虫子虽小，为害却大，应重视。凡开花的早春作物（如辣椒、茄子、番茄等茄果类作物，豇豆、菜豆等豆类作物，黄瓜、丝瓜等瓜类作物），开花期均要注意防治蓟马。

有机蔬菜生产，可利用成虫趋蓝色、黄色的习性，在棚内设置蓝板、黄板诱杀成虫。也可利用捕食螨捕食蓟马，蓟马的天敌捕食螨的本土种类主要有巴氏钝绥螨、剑毛帕厉螨等。此外，还可选用 0.3% 印楝素乳油 800 倍液、0.36% 苦参碱水剂 400 倍液或 2.5% 鱼藤酮乳油 500 倍液等生物药剂喷雾防治。

无公害和绿色蔬菜可选用化学药剂防治。

（1）苗期喷药　蓟马初生期一般在作物定植以后到第一批花盛开这段时间内，应在育苗棚室内蔬菜幼苗定植前和定植后的蓟马发生为害期，选用 2.5% 多杀霉素悬浮剂 500 倍液 +5% 虱螨脲乳油 1000 倍液进行喷雾防治，7 ～ 10 天喷 1 次，共喷 2 ～ 3 次，可减轻后期的为害。

（2）生长期喷药　在幼苗期、花芽分化期发现蓟马为害时，防治要特别细致，地上地下同时进行，地上部分喷药重点部位是花器、叶背、嫩叶和幼芽等。可选用 10% 噻虫嗪水分散粒剂 5000 ～ 6000 倍液，或 24% 螺虫乙酯悬浮剂 3500 倍液，或 15% 唑虫酰胺乳油 1100 倍液，

图1-114　蓟马为害辣椒叶片

图1-115　辣椒花上大量的蓟马

或 40% 啶虫脒水分散粒剂 4000 ～ 6000 倍液，或 6% 乙基多杀霉素悬浮剂 1000 倍液，或 24.5% 高效氯氟菊酯•噻虫嗪混剂 2000 倍液，或 1.8% 阿维菌素乳油 2500 ～ 3000 倍液，或 2% 甲氨基阿维菌素苯甲酸盐乳油 2000 倍液，或 10% 烯啶虫胺水剂 1500 ～ 2000 倍液，或 10% 氟啶虫酰胺水分散粒剂 3000 ～ 4000 倍液，或 10% 吡丙•吡虫啉悬浮剂 1500 ～ 2000 倍液等喷雾防治，每隔 5 ～ 7 天喷 1 次，连续喷施 3 ～ 4 次。兑药时适量加入中性洗衣粉、1% 洗涤灵或其他展着剂、渗透剂，可增强药液的展着性。对蓟马已经产生抗药性的杀虫剂要慎用或不用，以避免抗药性继续发展。

69. 辣椒定植后注意防治小地老虎

问：（现场）辣椒还未缓苗，许多苗子茎基部断裂，有些茎秆成了一截一截的（图 1-116、图 1-117），请问这是怎么回事？

图1-116　小地老虎咬断辣椒幼苗茎造成缺苗

图1-117　小地老虎及被咬断的辣椒幼苗茎秆

答：这应是小地老虎的幼虫为害的结果，在茎秆断裂的新鲜植株的下面四五厘米处，可以挖到这种黑褐色的幼虫。

防治该虫，一是利用物理机械防治成虫，如利用灯光、性诱剂、糖醋液、毒饵等诱杀成虫。还可以人工捕捉，清晨扒开缺苗附近的表土，可捉到潜伏的高龄幼虫，连续几天效果良好。

化学防治。小地老虎 1 ～ 3 龄幼虫抗药性较差，且暴露在寄主植物或地面上，是药剂防治的适宜时期。可选用 2.5% 溴氰菊酯乳油 3000 倍液，或 90% 敌百虫晶体 800 倍液，或 50% 辛硫磷乳油 800 倍液，或10%虫螨腈悬浮剂2000倍液，或20%氰戊菊酯3000倍液，或20%氰戊·马拉松乳油3000倍液等喷雾防治。

因其隐蔽性强，药剂喷雾难以防治，可使用毒土法防治。用50%辛硫磷乳油0.5千克加水拌细土50千克，每亩用量为20千克，顺行撒施于幼苗根际附近。

虫龄较大时，可用80%敌敌畏乳油、50%辛硫磷乳油1000～1500倍液灌根。

70.辣椒苗后茎叶除草剂要早用早防

问：（现场）辣椒长这么大了，草很茂盛（图1-118），有什么好的除草剂吗？

图1-118　辣椒田杂草丛生

答：市场上所谓的辣椒苗后专用除草剂，如10.8%精喹禾灵（商品名：辣草净、红满地、椒妹、椒民乐）每亩用药40～50毫升，兑水30千克喷雾，遇高温干旱时，适当加大用水量，能有效防除番茄、辣椒、茄子中的杂草，如稗草、牛筋草、马唐等禾本科杂草，以及马齿苋、苣荬菜、鸭跖草、反枝苋等阔叶草和各种莎草科杂草（如香附子）等。

此外，还可选用35%吡氟禾草灵乳油，防除稗、狗尾草、马唐、牛筋草、看麦娘等杂草，于生长结果初期、禾本科杂草3～5叶期，每亩用药50～75毫升，兑水30千克喷雾。或用10.8%高效氟吡甲禾灵乳油（商品名：红火）防除牛筋草、马唐、稗草、狗尾草等杂草，对阔叶杂草无效，于生长结果初期、禾本科杂草3～5叶期，每亩用药20～35毫升，兑水30千克喷雾。

此外，要注意：①辣椒田最好不用茎叶处理剂除草；②非用不可时，切忌将药液喷到作物叶片上，尤其不能喷到心叶上；③距辣椒植株太近（图 1-119）或辣椒定植穴里长出的杂草，以及田间的大草等只能人工拔除，不要过于依赖化学除草。

图1-119　辣椒定植穴里的杂草应人工拔除

茄子栽培关键问题解析

第一节 茄子品种和育苗关键问题

71.茄子品种选择依当地消费习惯有别

问：今年有 80 亩的供港茄子，请问选用什么品种为好?

答：关于茄子品种的选择问题，还真不是一两句话能讲得清楚的。我国茄子历史悠久、种类繁多，品种资源也极其丰富，选择适宜的品种是取得理想经济效益的关键环节，也是茄子增收增产的基础。茄子在我国各地普遍栽培，各地的气候环境特点以及消费习惯差异较大，比如在港澳等南方地区以栽培和消费长茄为主，北方地区以栽培圆茄为主。应根据生产地的自然条件、设施栽培模式、生产目的以及消费习惯因地制宜选用茄子品种。综合而言，在港澳地区以紫红长茄为主。若是在本地市场或长沙等周边地区销售，则以紫黑长茄和紫红长茄为主。在品种选择时，还可以到一些种业公司的品种展示园集中观察（图 2-1、图 2-2）、选择。供港茄子，以下几个品种供选择。

（1）红宝二号　早中熟，湘研种业有限公司育成，果实长棒型，果长 36 ~ 40 厘米，横径 5 厘米左右，单果重 500 克左右，果皮紫红发亮有光泽，茄条顺直。适宜全国南北方种植，适宜春秋大棚及露地栽培。

图2-1　田间观察茄子品比情况

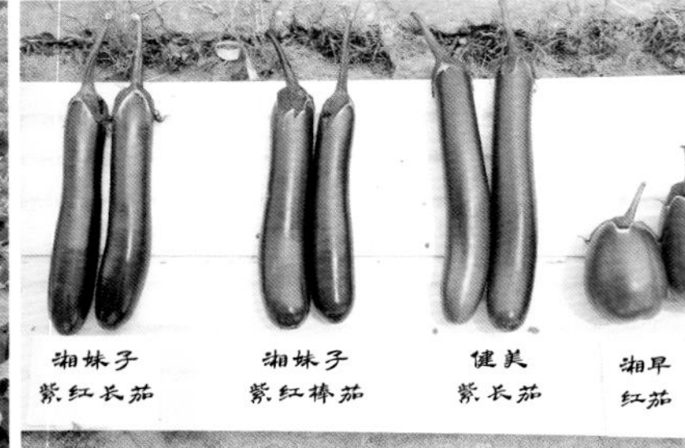

图2-2　几个茄子的商品性对比

（2）紫红棒茄　中晚熟，湖南湘妹子农业科技有限公司育成，果实长条形，尾圆，果皮紫红色，果肉白色，果长约 30 厘米，横径约 4.5 厘米，颜色漂亮，光泽好，鲜艳美观，产量及商品果率高。

（3）紫红长茄　早中熟，湖南湘妹子农业科技有限公司育成，长江以南地区春夏秋均可种植。果实长棒形，果皮紫红色发亮，果长约 32 厘米，横径 4 ~ 5 厘米，头尾均匀，瓜身特直，单果重约 300 克。

（4）国茄红秀　中晚熟，湖南省蔬菜研究所育成。果实长棒形、较直，商品果长 25 ~ 35 厘米，横径 4.5 ~ 5 厘米。果皮深紫红色，果肉白色，单果重 250 ~ 300 克。宜作露地长季节栽培。

（5）国茄长虹　中熟，湖南省蔬菜研究所育成。果实长棒形，长 26 ~ 35 厘米，横径 4.5 ~ 5.5 厘米，单果重约 250 克。果皮紫红色，果肉白色。宜作露地长季节栽培。湖南地区，播种期为 12 月 20 日至 4 月 10 日。

72. 茄子种子浸种催芽后出苗齐壮

问: 目前（10 月中下旬）正是越冬茄子冷床育苗开始的时候，只等开晴就把茄子播下去，茄子是播干籽好还是播湿籽好？浸种催芽后出芽不齐是怎么回事？

答: 茄子播干籽还是播湿籽要看情况。一般越冬茄子播种较早，或夏季土壤湿度大时播种可以播干籽；越冬茄子冷床育苗播种较迟时，宜播浸种催芽后的湿籽（图 2-3），以利于提早出苗，通过加强保温防冻等措施渡过严冬。在生产上，茄子经过浸种催芽好处多，特别是浸种环节可以进行浸种消毒，催芽后有利于齐苗壮苗。

一般在准备育苗设施、培养土和种子，确定播种期后，于播种前5～7天浸种催芽。

图2-3　茄子播催芽籽后出苗较齐壮

浸种的方法有清水浸种、热水浸种和药水浸种等，以药水浸种效果最好。

清水浸种。即将种子浸入到清洁的常温水中，水温20～30℃。捞去瘪籽、果皮等物，再另换清水浸泡。浸种时水量以种子全部浸没或水面略高于种子为宜。浸种时间为8～10小时，浸种后，再反复多次搓洗，清水洗净。稍晾后，可播种或催芽。

热水浸种（温汤浸种）。即先将种子放在常温水中浸15分钟，然后投入55～60℃的热水中烫种15分钟，水量为种子体积的5～6倍。烫种过程中要及时补充热水，使水温维持在所需范围内。然后将种子转入30℃的温水中继续浸泡8小时左右。也可用75℃的水，水量仍为种子的5～6倍，烫种过程中不必另加热水，搅拌至水温30℃左右时即可静置浸种。

药水浸种。药液浓度和浸泡时间必须严格掌握，以免产生药害。药液要高于种子5～10厘米。常用的药剂有50%多菌灵可湿性粉剂1000倍液，浸种20分钟；或10%磷酸三钠，浸种20分钟；或0.2%高锰酸钾，浸种10分钟。浸种后，反复用清水洗净，然后催芽播种。夏季高温干旱，茄子播种后不易发芽，可采用浓度为5毫克/千克的赤霉酸浸种12小时。清洗后播种，发芽整齐一致。

催芽。即把经过浸种充分吸胀的种子，用干净的湿毛巾或布袋包好，放在盆钵中，盆底用竹竿搭成井字架，种子放在架子上，种子袋上面再盖几层湿毛巾保持湿度，然后放置在25～30℃适温处催芽。催芽期间要经常检查温度，每天翻动种子2～3次，发现种子发黏，应立即用清水把种子和包布清洗干净。一般每隔一天清洗一次，清洗后控出水分，继续催芽。

茄子种子在恒温下发芽不齐，最好采用变温处理，即每天在25～30℃条件下催芽16小时，再在20℃条件下催芽8小时，经4～5天即可出芽。浸种时，若在清水中加入50～100毫克/千克赤霉酸，可促进种子发芽，在恒温条件下催芽也能使种子完全发芽，可省去变温处理。

73. 茄子播后迟迟不出苗的原因有多种，应有针对性地提早预防

问： 茄子籽播后一周多了还没出苗，而草却生长茂盛，不知是何原因？

答： 经实地调查了解，这种情况很正常，但要加强后期管理，促进早出苗、早齐苗。

一般来说，催芽的种子播种后超过 4 天以上，未催芽的种子播后 10 天以上，才开始出苗的属于迟迟不出苗现象，该现象不论是低温期还是高温期均容易出现，以低温期表现得最为突出。该大棚越冬茄子采用的是播干籽，目前仅一周，应还是发芽期，这是很正常的，而且许多已开始发芽了，有些已出苗，只是出苗不齐（图 2-4）。之所以出现出苗略迟的现象，主要是由于前段时间气温低，播种初期地温未提上来，延长了发芽时间。

图2-4　茄子播种后出苗慢

一般来讲，茄子播后迟迟不出苗可能的原因有如下几点。

（1）苗床温度偏低　茄子种子正常发芽的适宜土壤温度为 25 ~ 32℃；温度低于 20℃时种子出苗慢；低于 15℃时发芽困难，出苗期延长；地温长时间低于 12℃时，容易导致烂种。

（2）种子质量较差　一般陈种子的发芽出苗时间较新种子的长，发霉或受潮种子的发芽出苗时间较正常种子的长。

（3）播种太浅　茄子播后覆土厚度为 0.5 ~ 1 厘米，覆土厚度小于 0.5 厘米时，种子容易发生落干，种芽将会因吸不到足够的水而延缓出苗。

（4）播种过深　茄子种子比较小，种芽的顶土力比较弱，播种过深时种芽出土需要的时间相对加长。

（5）未浇足播种水　高温期播种，播种水不足时，种子会因供水不足而出苗缓慢。

（6）施肥过多　施肥过多时，往往会对种芽造成一定的伤害，降低种胚的生长势，从而导致出苗缓慢。

（7）畦面板结　畦面板结一方面会引起土壤中氧气含量不足，导致种胚生长缓慢，延迟发芽；另一方面表土变硬，茄子种芽顶土阻力增大，出苗时间也相对延长。

出现迟迟不出苗的情况，应根据以上不同的原因采取相应的措施进行解决。

74. 茄子大棚越冬冷床育苗要加强管理确保壮苗

问： 越冬茄子苗比辣椒苗、番茄苗难培育得多，经常出现病害，有时出现烂种烂苗、黄苗弱苗等现象，请问如何管理才能避免这些现象？

答： 确实，越冬茄子育苗失败的较多，经常发现一些小农户育了一批又一批。主要是因为茄子对温、光、湿、气等环境条件的要求较辣椒和番茄严格。因此，播种后要按照茄子适宜的温湿度和光照要求进行管理。

（1）播种后到出苗期高温高湿促出苗　要保持出苗期气温白天 25 ~ 30℃，夜间 15 ~ 20℃，地温白天 23 ~ 25℃，夜间 19 ~ 20℃，如此茄子发芽快而整齐。幼苗在顶土期要降低苗床温度，温度过高易引起幼苗徒长（图 2-5），约有 20% ~ 30% 的幼苗出土时，应拱起地膜使幼苗见光。

图2-5　茄子徒长高脚苗

（2）出苗到分苗期控温、增光、降湿、追肥以培育壮苗

① 在控温方面。幼苗顶

土至齐苗期，要逐渐降低苗床温度。齐苗后床温要更低些，白天 20 ~ 25℃，夜间 15 ~ 20℃，晴天注意通气降温，中午前后无风、露地气温在 15℃以上时，可揭小拱棚见光；夜间露地气温在 5 ~ 10℃以上时可不盖草帘。进行低温锻炼时床温要逐步降低。对子叶苗低温锻炼后，到第一片真叶露尖时应把床温提高。

② 在增光方面。要尽可能减少床架的遮光；选用新膜覆盖，在保温的前提下对覆盖物尽量早揭、晚盖。阴天只要有一定的光照就应掀开覆盖物，晴天温度较高时可把透明覆盖物也揭开。

③ 在降湿管理上。开窗通风，甚至把全部透明覆盖物掀开，通风降湿，前提是根据当时天气状况以秧苗不会受冻为原则。气候寒冷时要兼顾保温。另外，可利用松土和撒土的办法减少浇水次数。当苗床湿度过大时可撒干土，偏干时可撒较湿润肥土。

④ 在追肥方面。在必须追肥的情况下，要选晴天上午 10 ~ 12 时进行。可用稀释 10 ~ 20 倍的腐熟人粪尿或猪粪尿进行追肥。在浇粪后几小时内应开窗通气。若用化肥追肥不可过浓，一般尿素浓度为 0.1% ~ 0.2%，最好用复合肥。

图2-6　茄子营养块育苗

以上为冷床撒播苗床管理要点，营养钵（块）育苗（图 2-6）或穴盘育苗可参照进行。

（3）根据天气情况和苗情及时分苗　分苗可在 1 ~ 2 片真叶期或 4 ~ 5 片真叶期进行。分苗要避开严寒期，选雨后放晴时或“冷尾暖头”的晴朗无风天气，在上午 10 时到下午 3 时之间进行为好。

分苗按株行距以 10 厘米 ×10 厘米移入假植苗床为宜，或移入规格为 10 厘米 ×10 厘米的营养钵中，效果更佳。用冷床作为假植床必须对幼苗进行低温锻炼。秧苗移栽满一床后，应及时覆盖小拱棚保持湿度，如光照强可再盖草帘或遮阳网防止秧苗萎蔫，分苗后 3 ~ 4 天苗床内以保温保湿为主。

采用营养钵育苗的可不再另行分苗。

（4）加强分苗到定植前的管理　用营养钵育苗时，钵内土易变干，要多浇水，保持土壤湿润；若秧苗缺肥，要及时追肥，追肥常与浇水结合进行。定植前 7 ～ 10 天，对苗床要逐渐降温，白天床温可降低到 15 ～ 20℃，夜间 10℃左右。定植前 1 ～ 2 天，即使没有发现病害，也应普遍喷一次防病药剂，使秧苗带药定植。

75. 茄子穴盘育苗成苗率高易掌握

问： 今年想改原来的营养钵育苗为穴盘基质育苗，请问要把握哪些要点？

答： 确实，现在蔬菜基地茄果类蔬菜的育苗一般均是采用穴盘基质育苗（图 2-7、图 2-8），传统的营养钵育苗仅少量的家庭农户采用。穴盘基质育苗基质疏松透气、保肥保水，成苗率远高于营养钵。生产上主要把握以下要点。

图2-7　培育茄子穴盘苗

图2-8　可移栽的穴盘苗

一是准备好基质和穴盘。基质一般选用现成的商品穴盘育苗基质，可与其他合作社一起进行团购，降低运输成本。新基质购买回来后即可直接使用。也可自配，比例为草炭：蛭石 =2：1 或 3：1。自配基质的每立方米加入氮磷钾三元复合肥（15-15-15）3.2 ～ 3.5 千克，或每立方米基质加入烘干鸡粪 3 千克。基质与肥料混合搅拌均匀后过筛装盘。育苗穴盘通常选用 50 孔或 72 孔规格，以 50 孔穴盘育苗较为适宜。

二是播种催芽。通常是采取干籽直播，为了提高种子的萌发速度，可对种子进行活化处理。即将种子浸泡在 500 毫克 / 千克的赤霉酸溶液中 24 小时，风干后播种。播种深度为 1 厘米左右，播种后覆盖蛭石或基质，浇透水并看到水滴从穴盘底孔流出即可。然后将播种穴盘移入催芽室或育苗温室。催芽的环境条件为白天温度 25 ～ 30℃，夜间温度 20 ～ 25℃，环境湿度大于 90%。在育苗温室中催芽应经常观察，及时补充基质水分。可以在穴盘表面覆盖地膜，保持水分，提高温度，但要注意种子萌发显露的时候及时揭去地膜。催芽开始 4 ～ 5 天后当 60% 左右种子萌发出土时，迅速将催芽穴盘从催芽室移到育苗温室开始进行幼苗培育。

三是加强育苗管理。幼苗培育的温度管理基本上是白天 20 ～ 26℃，夜间 15 ～ 18℃。在幼苗出现 2 ～ 3 片真叶以前如果温室内夜间温度偏低，低于 15℃时可以采取加温或临时加温措施。当幼苗出现 2 叶 1 心以后夜间温度降至 15℃左右，但不要低于 12℃。在 3 叶 1 心至成苗期间，白天温度控制在 20 ～ 26℃，夜间温度控制在 12 ～ 15℃。

水分管理。在催芽穴盘进入温室至 2 片真叶出现以前，适当控制水分，根据出苗情况基质中有效水分含量在 60% ～ 70% 之间进行调节。在幼苗的子叶展开至 2 叶 1 心期间，基质中有效水分含量为最大持水量的 70% ～ 75%。在苗期 3 叶 1 心以后有效水分含量为 65% ～ 70%。白天酌情通风，降低空气湿度使之保持在 70% ～ 80%。结合浇水进行 1 ～ 2 次营养液施肥，可用氮磷钾三元复合肥 2000 倍液追施。补苗要在 1 叶 1 心时抓紧完成。

茄子苗期的主要病虫害是猝倒病和蚜虫。猝倒病的防治方法主要是避免重复使用陈旧基质，或是在播种前进行基质消毒；降低湿度，控制浇水，注意通风；对幼苗根部喷洒百菌清、多菌灵、代森锌等药剂。蚜虫的防治方法是增设防虫网或进行黄板诱杀，也可喷施氯氟氰菊酯、阿维菌素等药剂进行防治。

76. 早春茄子不能及时移栽要搞好囤苗炼苗

问： 茄子的日历苗龄和生理苗龄都已达标，就要定植了，但据天气预报，这段时间气温低、地温低，达不到定植所需的最低温度指标，不能按时定植，请问可采取哪些措施防止茄苗徒长、老化？

答： 这种苗子如不采取措施，而继续留在苗床中，会因原营养坨土中营养满足不了其生长需要，使根系不能继续生长，根尖渐渐发黄、萎缩，易形成小老苗，移栽后不易缓苗，缓苗速度慢，开花结果晚，严重影响产品质量和产量。为了使茄苗在晚定植情况下不影响产量，可采用以下措施来提高茄苗定植后的成活率。

一是囤苗法。即在苗的营养钵或营养坨下面铺一层厚 15 ～ 20 厘米的营养土，行株距扩大到 20 厘米 ×20 厘米，以加大营养面积来满足苗的生长需要。苗要正常管理，不要蹲苗，促使根系继续向下生长吸收养分供给地上部分，防止老化，这样可使茄苗在营养坨外又发出一层新根。这种囤苗方法能使苗龄延长到 110 天，当地温达到 13℃时开始定植。

二是定位法。冬春茬和早春茬茄苗继续生长，又怕徒长，继续囤苗又怕根系老化形成老化苗，这时可采用定位法。即先整地作垄，开沟以后把苗坨按定植株距、行距摆正放好，苗坨原有的塑料筒或纸筒营养袋不用去掉，然后用马粪培植幼苗根部，每株幼苗用马粪 0.5 千克，浇好掩水，不需合垄。待地温渐渐升高后进行合垄栽培。此法不会影响苗龄，可适时定植，能提高地温，不影响秧苗的正常生长，能达到早定植、早开花、早结果、早上市，提高前期产量。

三是晒坨法。在定植前采取割坨、晒坨的方法能够提高定植后的成苗率。即在定植前 10 天左右，把床土浇一遍透水，第二天用刀片把秧苗土坨割开放回原处，待把割开的土坨晒得外干里湿的时候，再往土坨的空隙中撒细干土进行囤苗。应注意为防止秧苗被太阳晒得发蔫，中午太阳光强的时候要放下草苫进行遮阳，室内要保持较高的湿度和温度，约一周左右的时间营养坨下面及四周发出新根，这时要加大通风量，进行低温炼苗，然后就可以定植了。采取营养钵或营养袋育苗，定植前要扩大营养面积，加强通风，降低温度以锻炼秧苗。炼苗时要注意防冻、避雨，不要过度控制土壤湿度和温度，以免抑制秧苗生长，形成老化苗。

穴盘育苗根系已扎入土中的（图 2-9）要移盘断根（图 2-10）。

图2-9　未经常移盘的茄子苗根系已深扎土壤

图2-10　深扎土壤的茄子穴盘苗移盘后出现失水状但会很快恢复

77. 茄子苗期徒长用控旺药要注意使用浓度

问： 去年育的茄子苗出现叶片向上翻卷、心叶不扩展的情况（图2-11、图2-12），请问是怎么回事？

图2-11　茄子苗期喷施多效唑浓度过大产生药害的大田表现

图2-12　茄子药害苗

答： 经与育苗户沟通，发现这是使用多效唑浓度过大造成的药害（15% 多效唑可湿性粉剂 40 克兑水 15 千克）。在茄子越冬育苗或夏秋育苗时，若因管理不善导致大棚内光照不足和温度过高，常出现苗茎纤细、节间长、叶薄色淡、组织柔嫩、根系少的徒长现象。在生产上应加强管理，如增强光照和降低温度。发现徒长苗应适当控制浇水，降低温度，喷施磷钾叶面肥。也可采用控旺药剂控制，但一定要注意浓度。当秧苗有徒长趋势时，喷施多效唑溶液可控制秧苗的徒长，使植株矮壮，叶色浓绿，叶片硬挺。当植株有 5 ~ 6 片真叶时，用 10 ~ 20 毫克 / 升浓度的多效唑液（15% 多效唑可湿性粉剂 1 ~ 2 克兑水 15 千克）叶面喷雾，每亩用药液量 20 ~ 30 升，喷施时雾点要细而均匀，不能重复喷施。一般整个秧苗期喷施 1 次即可，最多不超过 2 次。

对出现徒长趋势的秧苗，还可用矮壮素处理。当茄子长到 2 ~ 4 片真叶、苗高 30 ~ 50 厘米时，用 300 毫克 / 升矮壮素液叶面喷雾，以晴天 15 时以后喷施为宜。或用 500 毫克 / 升矮壮素液浇洒秧苗，选用细孔径的洒水壶均匀洒施。应用矮壮素防止秧苗徒长时要严格掌握浓度，喷雾法与浇洒法二者浓度是不相同的，不能搞错。要控制使用次数，一般苗期施用 1 次即可，不要多次重复施用，并且要防止重喷。

如多效唑等抑制剂或延缓剂造成药害时，可喷施赤霉酸溶液解救。

第二节 茄子定植及田间管理关键问题

78. 茄子早春地膜覆盖栽培定植有讲究

问：（现场）基地今天安排了 20 多个人栽茄子（地膜覆盖），请帮忙指导下，好吗？

答： 茄子地膜覆盖栽培在定植时要注意以下细节。

一是苗龄、叶龄、壮苗问题。从外地运来的茄子苗目前是 3 叶 1 心至 4 叶 1 心（图 2-13），严格来说苗龄和叶龄均是严重不够的，也不壮实。一般来说，要求茄子苗有 8 ～ 9 片真叶，株高不超过 20 厘米，茎粗 0.5 厘米，叶片浓绿、厚实。

图2-13　待定植的茄子苗

这种嫩苗虽然也可以成活，但对于种植面积较大的合作社而言，会增加管理难度，此外嫩苗拉长了田间管理时间，没有体现育苗移栽抢时抢季节的优势。因此，需苗基地与供苗基地要有秧苗的购销合同，要根据自己基地的生产情况提前做好订苗工作，包括苗龄、叶龄都要有要求，还应要求带肥带药下田（这次吸取了大棚茄子和辣椒苗期带病的教训，菜苗运回前已要求供苗商带肥带药）。

二是定植株行距的问题。要根据茄子品种的特征特性要求，确定定植密度，一般早熟株行距约（35 ～ 40）厘米 ×60 厘米，作畦要求 1.3 米包沟，定植 2 行；若是中熟品种，株行距约 50 厘米 ×60 厘米；中迟熟或迟熟品种，株行距还要大。

有的地块作畦有宽有窄，不统一，导致有的一畦栽 3 行，看起来过密，有的栽 2 行，又觉得稀了，浪费了土地。这时，如要栽 3 行，可以采用梅花形栽法；若是栽 2 行，可以适当缩短株距（图 2-14）。

三是关于盖膜的问题。有些正在覆盖地膜的土面已经板结（图2-15），主要是整地后未及时盖膜，后遇雨水淋溶导致土壤沉落，表面板结，在这种土壤上盖膜，失去了地膜保持土壤团粒结构的好处。如要重新翻整一次，又要不少的人力物力，且时间上又来不及，以后要注意整地后及时覆膜，及时移栽。

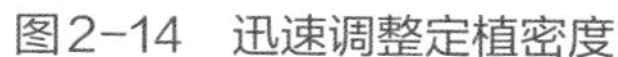

图2-14　迅速调整定植密度

图2-15　应在整地后及时覆盖地膜

遇到以上情况，如果人力允许，也可以把土面划锄后再铺膜，这样效果要好些。以后在整地时，一定要边整地，边盖膜。基地要做到提前半个月以上整地、盖地膜，做到地等苗。

四是定植细节问题。虽然苗子苗龄、叶龄不够，但根系均长得深，有的长达 10 厘米左右，因此定植前要把太长的根系掐掉，齐基质底部即可。栽时不要埋掉子叶，栽后稍提一下苗，把根理直，再用两个手指稍压挤紧苗。用细泥覆定植穴时，要防止地膜挨着苗茎（防止高温时地膜烫伤苗茎）。封好地膜孔，以防止风灌进膜内吹损地膜，也可防止地下温度过高通过地膜孔烫伤苗茎。

五是浇足定根水的问题。员工在浇定根水时，有的一瓢水浇四五株苗，明显定根水浇少了。浇定根水要讲究一个“足”字，要求至少 200 毫升以上。浇定根水的目的是通过浇水让植株周围的土沉落与植株相融洽，以利于根系快速吸收水肥，防止吊根。高温高湿促缓苗，充足的定根水，有利于缓苗。

定根水一般提倡用清水定根，当然清水里加入微生物菌剂也是可以的。

79. 茄子定植后要养根护叶促壮棵

问： 茄子定植缓苗后，长势不怎么好，有的黄叶不长，拔出来新根很少，请问应如何加强管理？

答： 从图 2-16 来看，茄子长势大部分还是好的。当然，为了搞好茄子的生产，茄子定植后一定要搞好养根护叶工作，叶片是植物光合作用的工厂，所以确保茄子叶片健康成长是光合作用正常进行的基础，更是茄子高产的基础。种植过程中，应注意养护叶片，延长叶片的功能期，防止叶片早衰，以使每片叶子提供和积累更多的干物质，增加茄子整体产量。

图2-16　茄子定植后应养根护叶促壮棵

一是养叶先养根。减少蔬菜根系受伤。定植后，应根据蔬菜的生长需求、土壤墒情、天气情况合理浇水施肥，不要盲目地大水漫灌、过量施肥，避免伤根造成黄叶。在定植后及时使用含氨基酸水溶肥料或 963 养根素进行养根，通过灌根促进根系深扎。

二是养护叶片。尤其注重连阴天后的养叶，每次叶面喷肥优先选用含铁和含锌的叶面肥，以保证叶面营养的补充。久阴骤晴时，更得呵护好叶片，避免叶片和植株骤然见光发生急性萎蔫。一般采用叶面喷洒糖水或温水的方法，可在叶面喷洒 500 倍的糖水或 20℃的温水，这样可增加空气湿度，缓解棚温迅速升高的现象；叶面补充水分的同时，可减缓叶片散失水分的速率，这样可以防止叶面失水过多造成的影响。植株恢复后，在加强肥水管理的同时，叶面再喷施全营养叶面肥，对于预防植株早衰、保护叶片非常重要。

80. 大棚早春栽培茄子整枝摘叶要适时适量

问： 大棚早春栽培茄子要不要整枝摘叶？

答： 大棚早春栽培茄子（图 2-17）在栽培过程中当然要整枝摘叶，因为茄子是双杈分枝作物。早春栽培由于密度大，光照弱，通风不良，如果不及时进行整枝摘叶，就会造成茄秧营养生长过旺，中后期很容易“疯秧”，光长秧不结果。对茄子进行整枝摘叶，可改善通风透光条件，使养分集中于果实生长，促进早熟，提高茄子坐果率，有利于提早上市，这是早春茄子大棚促成栽培成功的重要保障。

图2-17　大棚早春茄子长势茂盛

茄子常见整枝方法有单干整枝、双干整支、三干整枝、四干整枝等几种方法。在大棚栽培中，一般采用双干整枝。即在茄子第一次分杈时，保留 2 个分枝同时生长，以后每次分枝时只保留 1 个分枝，而及时抹除多余萌芽，使植株整个生长期保留 2 个结果枝。当茄秧长到 1 米时要插杆搭架，防止倒伏。为改善茄子通风透光的条件，应摘除第一朵花以下的侧枝。当门茄、对茄收获以后，基部叶片影响通风透光，应打去黄叶、老叶以减轻病害发生，增强果实色泽。该法植株的株型比较小，适合密植，早期产量高，植株的营养供应比较集中，有利于果实发育，果实的质量好，商品果率高。但用苗比较多，育苗工作量比较大；植株的根系扩展范围小，植株容易早衰。

当然也可采用三干整枝、四干整枝等。

在整枝的同时，还可摘除一部分叶片。适度摘叶可以减少落花，减少果实腐烂，促进果实着色。但摘叶不能过量，尤其不能把功能叶摘去，为改善通风透光条件，可摘除一部分衰老的枯黄叶或光合作用很弱的叶片。当对茄长到直径 3 ～ 4 厘米时，摘除门茄下部的黄叶、老叶、病残叶；当四母茄长到直径 3 ～ 4 厘米时，又可摘除对茄下部的黄叶、老叶、病残叶。摘叶时，不要硬劈硬掐，要用剪刀将叶柄剪断，减少伤口，并避免拉伤枝干。为保护枝干，摘叶时不要把叶片从叶柄基部去掉，要留下 1 厘米左右长的叶柄，保护枝干。另外，摘叶要在晴暖天上午温度较高时进行，使留下的叶柄伤口及早愈合，避免病菌侵染。摘掉的老叶、病叶要集中起来，带到田外堆放或埋掉。

此外，摘叶时要分次进行，不要一次摘得太多，使植株下部几乎成为光秆。主枝坐果前，一般情况下不要摘叶。

应注意及时把整枝摘除的叶片运出大棚外（图 2-18），这是需要注意的。此外，由于定植过密，植株有徒长现象，应经常性地开展整枝打叶工作，逐步开展，不要一步到位。

图2-18　茄子整枝打叶的枝叶要运出大棚外集中处理

81. 露地茄子坐果期要注意适时追肥

问： 露地茄子已经收了一批果了，还有没有必要追肥？

答： 当然要追肥了，不追肥结不出好的商品茄子吗？从图 2-19 来看，茄子叶片有发黄现象，主要原因是基肥施用不足，有的是由于畦沟积水导致根系沤根，从而造成吸肥障碍。应加强管理。

一是要继续搞好三沟配套，防止田间积水沤根（图 2-20）。对沤根等造成的吸肥障碍，建议施用含氨基酸水溶肥料以促进生根。

二是及时追肥。一般情况下，门茄坐住后及时结合浇水追肥，亩施尿素 20 千克。

第三层果实采收后，应每层果坐住后及时追一次肥，每次每亩追施尿素 20 千克、磷肥 15 千克、钾肥 10 千克；或每次每亩施三元复合肥（15-15-15）15 ~ 20 千克。一般采收一次追一次肥。还可结合喷药防病，加入 0.3% ~ 0.5% 的尿素、磷酸二氢钾以及微量元素肥叶面喷施。

地膜覆盖栽培追肥应随水浇施，或在距茎基部 10 厘米以上行间打孔埋施（图 2-21），施后用土封严，并浇水。

图2-19　露地茄子要注意追肥

图2-20　田间积水严重

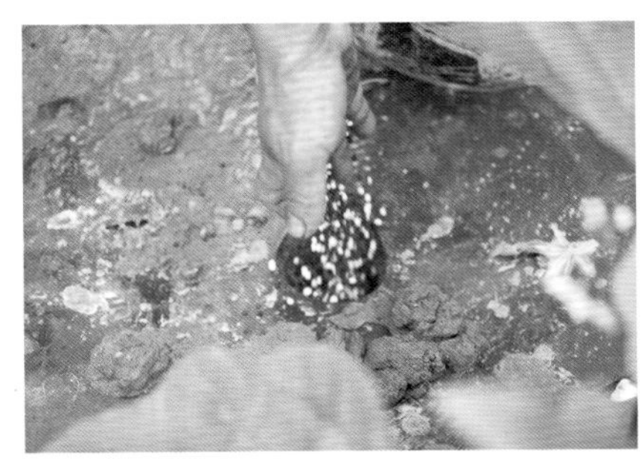

图2-21
茄子打孔追肥

82. 大棚春提早茄子栽培要施好肥料促进高产高效

问： 今年跟港商订了 80 亩茄子，目前已种植大棚茄子（图 2-22）10 多亩，请问在施肥方面要如何进行才能保证高产高效？

图2-22　茄子大棚春提早促成栽培要注意及时追肥

答：茄子生产要特别注意肥水的供应，在加强整枝打杈、及时用药等田间管理的同时，抓好肥料的管理特别重要，只有基肥充足和追肥及时，才能确保茄子商品性高、品质佳。其施肥可按如下方案进行。

（1）基肥方案　基肥结合整地施入。一般每亩施腐熟有机肥5000千克（或商品有机肥600千克）、15-15-15氮磷钾三元复合肥80千克、优质饼肥60千克，2/3翻土时铺施，1/3在作畦后施入定植沟中。

（2）追肥方案　定植缓苗后，应结合浇水施一次浓度为20%～30%的粪肥或复合肥。进入结果期后，在门茄开始膨大时可追施较浓的粪肥或复合肥。结果盛期，应每隔10天左右追肥一次，每次每亩施用三元复合肥10～15千克（或稀薄粪肥1500～2000千克），追肥应在前批果已经采收，下批果正在迅速膨大时进行。后期还可用0.2%的磷酸二氢钾和0.1%的尿素混合液进行叶面追肥。

83.温室茄子水肥一体化管理有讲究

问：温室茄子采用水肥一体化管理有哪些技术指标?

答：温室茄子采用水肥一体化技术，要根据茄子需肥特性及目标产量（每亩4000～5000千克），进行配方施肥。追肥以滴肥为主，肥料应先在容器溶解后再放入施肥罐（图2-23）。

定植至开花期（图2-24）滴灌2次。第一次滴灌不施肥，用水量为10米^3/亩。第二次滴灌，施肥量为尿素每亩2.2千克、磷酸二氢钾每亩2千克，用水量为10米^3/亩。

开花结实期，灌溉施肥3次。每次滴灌施肥量为尿素每亩2.2千克、磷酸二氢钾每亩2千克、氯化钾每亩1.4千克，用水量为10米^3/亩。

图2-23　日光温室茄子无土栽培

图2-24　日光温室茄子水肥一体化滴灌施肥水

果实采收期。果实采收前每隔 8 天进行 1 次滴灌施肥，中后期每隔 5 天进行 1 次滴灌施肥，每次施肥量为尿素每亩 3.26 千克、氯化钾每亩 3.33 千克，用水量为 15 米^3/ 亩。

84. 茄子门茄去留与否有讲究

问： 紫红长茄有二十多厘米长，这门茄要是留，肯定会抵到地上成为弯茄（图 2-25），是不是要摘掉？

答： 确实，一般来说门茄是最早上市的茄子，一般价格较高，大多是要想方设法保留的，但如果是供港蔬菜，要考虑茄子的商品性以及树势的好坏，门茄宜摘掉。

此外，门茄去留还应根据茬口而定，不同的茬口采取不同的管理方法。像春茬长茄，定植时无论是气温还是地温都偏低，根系的生长发育达不到理想状态，对营养物质的吸收能力有限，植株本身生长缓慢，若选择留门茄，无论是根系吸收还是叶片光合作用产生的营养物质都会首先供应门茄的生长，导致植株茎秆细弱，生长减缓，出现营养生长不良的现象。这样，植株上部果实就很难得到营养供应，进而发育不正常，出现畸形果和落花落果的概率大大增加。

图2-25　长茄的门茄易弯曲，宜早摘除

相反，此时若把门茄摘除，抑制生殖生长，促进营养生长，使植株茎秆粗壮、生长旺盛后，再进行点花留果，这样每根枝干上可同时坐住2～3个果实，反而能提高茄子的坐果率，增加产量。

若是秋茬长茄，定植时高温天气仍在持续，环境条件适宜，植株茁壮，生长旺盛，很容易出现旺了棵子不坐果的现象。此时，可以采用留门茄的方法来坠住棵子，以平衡营养生长和生殖生长。待到植株恢复正常后，再把门茄去除，然后专供上部果实，以达到高产的目的。

因此，门茄的去留讲究方式方法，不能随意更不能盲从，要根据定植时期进行选择，以免因此造成不必要的损失。

85. 茄子又大又多要把好三关

问： 想要大棚茄子结得又大又多，请问有什么技巧？

答： 茄子结得又大又多（图2-26），除了加强整枝打杈、科学施肥、合理浇水，以及防控好病虫害外，还有一些易被菜农忽略的技巧。

一是养好根，使植株连续结果不早衰。在茄子生长期，如遇到长期阴天的情况，大棚内地温会很低。即使在天气转晴后，由于操作行内有作物秸秆覆盖，阳光不能直射地面，致使地温在很长一段时间内提不起来，导致作物的根系吸收水肥能力下降。而如果将操作行内的秸秆除去，操作行内的地面在阳光直接照射下温度会很快提起来。待晚上再覆盖上作物秸秆，地温又会得到保持，这样地温提高了，根系生长就会加快。同时在此期间，浇水时使用963养根素养根，连续使用2次，根系好，吸收水肥的能力加强，这对茄子的连续结果和抗早衰有着非常明显的效果。

二是巧点花（图2-27）。点花时间要依据温度来定。大棚内温度较

图2-26　茄子结得又大又多

图2-27　适期点花

低时，要适当晚些点，一般在茄子花瓣长出并且长于萼片时点花最好。若点花过早，茄子花瓣还没有花萼长，这样点住的茄子以后往往很难拾花，容易导致茄子烂果。相反，在温度相对较高时，要适当早点花，在茄子花骨朵含苞待放时点花最为适宜，此时正是茄子授粉受精的关键时期，点早了易产生僵茄，点晚了易裂茄。此外，点花时最好选择在上午9～11时或者下午3～5时，大棚内温度在23～28℃左右时进行。点花位置一般在花柄上靠近萼处，但要注意不要碰到花萼。点花时用毛笔轻轻一点即可，不要反复涂抹，以免药量过大，产生僵茄。

三是合理控旺。茄子旺长时，果实长不大。可采用多效唑控旺，每4克多效唑加入500克水。为了增加配成溶液的黏稠度，可在溶液中加入粉末状的干土或者滑石粉，同时也可防止重复涂抹。操作时在茄子生长点下2～3厘米长处竖着涂抹2～3厘米长的药剂即可，用毛笔涂抹时轻轻一划就行了。若植株长势过旺，要适当将涂抹位置上移，基本需要挨着生长点，涂抹长度也要适当增加。相反，若长势不是很旺，可适当把涂抹位置往下移，涂抹长度缩短至1厘米左右即可。采用该法，茄子自然长得又多又大。

86.茄子开花坐果期防病治虫时注意加钙硼肥一起喷施

问：在大棚内，有不少的茄子顶部新叶干尖，边缘皱缩扭曲，有的叶片叶脉间变黄褐色，看起来像是病毒病，且越是长势旺的茄子叶片上的症状越严重（图2-28、图2-29），请问这是什么情况？

图2-28　茄子叶片缺钙表现叶缘枯死

图2-29　茄子叶片缺钙表现叶片皱缩畸形，有些失绿

答： 这是茄子缺钙的表现。若不及时采取措施，结出来的果实若表现缺钙症状，则出现顶裂果、果脐干缩等，影响茄子的膨大和商品性。

生产上应注意基施钙肥，如酸性土壤中每亩施石灰 70 ～ 100 千克，碱性土壤施氯化钙 20 千克或石膏 50 ～ 80 千克，合理浇水、追肥。

出现缺钙的初期症状后，要迅速采取措施，在开花期及果实膨大期注意叶面补钙，可选择螯合型钙肥，如糖醇钙、木质素钙等，重点喷洒生长点、花和幼果。喷钙时配合喷施适量的硼肥。

由于钙肥的移动性差，因此要经常进行补喷，并重点喷洒植株的幼嫩部位，重点对茎尖生长点以下 30 厘米的距离喷施，同时重点喷施幼果。一般 7 ～ 15 天要喷施 1 次，连续喷 3 ～ 5 次。

茄子从开花前就应开始补充硼肥，可叶面喷施速乐硼或多聚硼 1500 倍液，同时增加钾肥用量促进果实膨大。

喷施硼钙肥时可加防治灰霉病的药剂一起，防止灰霉病感染花、叶等。

87. 大棚早春栽培茄子要调控大棚环境，防止茄子花出现花柱变黑等问题

问： 茄子长势很好，花也开了不少，但尚未发现有幼茄坐住的。剥开那些失色萎蔫了的花（图 2-30），发现花柱早已变黑，不知是什么原因，请问有何解决办法?

图2-30　茄子花黄化现象

答： 低温、弱光、干旱、夜温过高等均可造成花柱变黑变短，前几天刚好有几个因素符合，即低温、弱光。

要迅速采取措施调控大棚内环境。

一是调节温度。白天大棚内温度宜保持在 25 ～ 30℃，夜间温度以前半夜 18 ～ 20℃、后半夜 16 ～ 18℃为宜。

二是避免旱涝不均。大棚土壤过干或过湿，变化剧烈往往会导致植株根系受伤，植株生长衰弱，导致花柱变黑变短。浇水要根据土壤墒情而定，浇水时切忌大水漫灌，避免沤根伤根现象。

三是注重均衡营养供应。及时给茄子补充营养，要把水肥一体化的设施弄好，随水冲施或滴灌全水溶性肥料，配合叶片喷洒光合动力（微量元素水溶肥料）等全营养型叶面肥。

四是整枝摘叶，增加光照。植株长势较旺的，要适时摘掉部分叶片，防止叶片遮挡花。要加强大棚的揭盖，想方设法增加棚内光照。

另外，花柱变黑与缺硼也有很大的关系，要注意补硼。花柱变黑后，棚内湿度增加易感染病害（如灰霉病、花腐病等），可用氟吗·锰锌、烯酰·锰锌等药物进行防治，效果较好。

88. 茄子坐果期要加强田间管理，以防止弯曲果等畸形果影响商品性

问：（现场）茄子弯曲，有的畸形或有疤痕，失去商品性，不知是什么原因造成的，请问有无解决办法?

答：造成弯曲（图 2-31）、畸形或疤痕的原因有许多方面。有的是在雌花花芽分化期外界的环境条件不适宜，导致胎座组织发育不均衡，从而出现果实弯曲；有的是植株长势弱，果实膨大期缺肥导致的，或营养生长过旺而生殖生长不足造成的；有的是由于未及时整枝抹杈，田间茎叶郁闭，光照不足，坐果过多造成的；有的是植株底部的茄子因着地造成的；果面受到茄黄斑螟或茄二十八瓢虫等虫害的为害使发育不一致，整枝抹杈或大风吹荡等也可使幼果表面形成机械伤（图 2-32）；缺乏微量元素硼也能造成果实弯曲。

针对以上原因，要通过加强田间管理措施来防止畸形果。一是要加强整枝、摘叶、疏果，一般可采用双杆整枝或改良式双杆整枝，对过于密的可采用单株整枝；二是及时追肥，特别是盛果期，要选用高氮型复合肥、高钾型复合肥等轮换追施；三是对个别高大的植株应采用绑杆或绑绳的措施（图 2-33），防止大风摇荡植株；四是及时发现和防治茄黄斑螟和茄二十八星瓢虫等害虫，同时结合治虫，可叶面补施硼肥或微量元素叶面肥，起到靓果的作用。

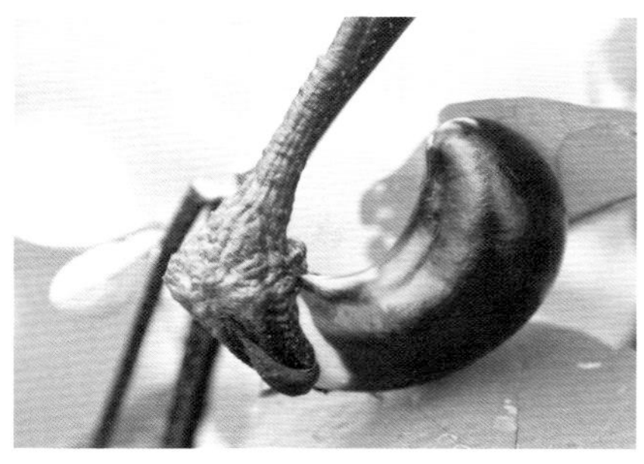
图2-31　茄子因营养生长不足等导致的弯曲果现象

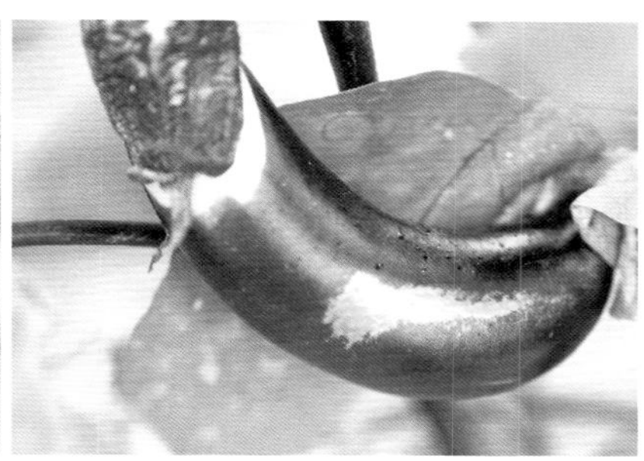
图2-32　茄子因机械磨损造成的皴皮弯曲现象

图2-33
对茄子植株进行绑杆或绑绳防止植株摇荡

89. 茄子生产要适当追肥并掌握点花药浓度，要保持花期温度，以防止双身茄产生

问： 茄子树长得很好，茄子也结得多，但发现不少茄子是“双胞胎”，吃起来没感觉异样，但就是不好卖，请问有什么解决办法？

答： 确实，这种“双胞胎”茄子又叫双身茄（图2-34），是畸形茄子的一类，商品性不佳。如果发现得早，最好摘除，做好预防工作。

图2-34　双身茄（示意）

双身茄的形成与肥水过多、温度过低、点花药浓度有关。在开花前若大量冲肥，会导致生殖生长过旺，从而导致

双身茄的产生。这是因为植株吸收过多的养分使细胞分裂过于旺盛，在花芽分化过程中形成双子房，从而产生了双身茄。为避免养分过剩，在生产上应隔一次浇水再冲肥，并逐渐改变冲肥方法，可冲施两次高钾型肥料后再冲施一次平衡型的肥料。

另外，若开花期遇到低温也可导致产生双身茄。因此，花期应保持温度在所种品种的适宜温度范围内，防止温度长时间过低。一般花芽分化期白天在 30℃左右，夜间在 24 ~ 25℃，秧苗生长旺盛，花芽分化好。

采用了药剂点花保果的，若点花药浓度过大，也有可能产生双身果。点花药时要做到浓度适宜，若是由点花药浓度过大导致的，以后遇到这种情况要适当降低点花药浓度。

当发现施肥过量或施用生长调节剂浓度过大时，及时喷“喷施宝”水溶性液肥 800 ~ 1000 倍液，能起到很好的解肥解毒作用。

90.雨后茄子易裂果，要提早预防

问： 好好的茄子常常在一场大雨过后出现大小不等的裂口（图2-35），刚开始为小裂纹，随着生长裂口逐渐变大，有的茄子籽粒外露，这样的茄子已失云商品性，请问有何办法防治？

答： 茄子的这种现象叫裂果，是一种生理病害。多是由于果实生长的初期处于受抑制的环境，之后突然生长加快导致果皮被撑开造成的。如用热风炉加温或补温的温室里，由于燃烧不完全，产生的一氧化碳使果实膨大受到阻碍，突然给水时导致果实急剧膨大。或秋延晚茬茄子在露地期间果皮已经硬化，转入棚内后果肉再度生长，也会大量出现裂果。露地夏秋栽培的茄子，白天高温干燥，傍晚浇水易引起裂果，尤其是在较长时间干旱的情况下突降暴雨或灌大水，更易产生裂果。果实底部开裂、花芽分化时温度低能造成裂果。果皮较硬的品种，给水不均，在突然浇大水时易出现裂果。此外，茶黄螨或蓟马为害幼果，使果实表皮增厚、变粗糙，而内部胎座组织仍继续发育，造

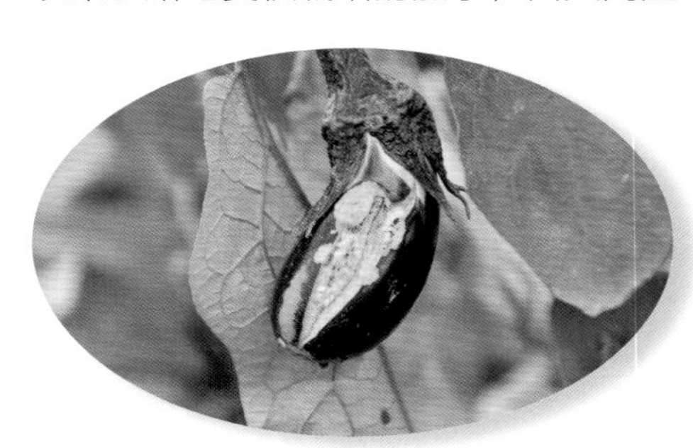

图2-35　茄子裂果

成内长外不长，最终也将导致果实开裂。

防止茄子裂果要早做预防，一旦发生不可逆转。

一是加强浇水管理。随着春季的来临，温度逐渐升高，茄子也进入快速生长期，肥水需要量大增，此时要及时根据土壤墒情浇水施肥，肥水供应要均匀，不要等到特别干旱后再浇水。

结果期间应合理浇水，均匀浇水，防止土壤忽干忽湿；天气转晴之后，不要立即浇水追肥，应该给地温一个缓慢升温的过程，否则不仅容易伤根，而且会出现大量裂果。夏季露地栽培，雨后及时排除田间积水。冬季大棚栽培为防湿度大，往往较长时间不浇水，果实含水量低，如果突然浇大水必然导致果肉膨胀速度加快，如果需要浇水，应注意浇小水。

二是加强施肥管理。追施腐植酸、微生物肥料混掺化学肥料（钾、钙含量高），或叶面补充含钙叶面肥混掺萘乙酸。生长过程中采用含硼的多元素冲施肥或叶面肥给予补充，以增加果皮的柔韧性，降低茄果缺硼造成的裂果损失。

避免连阴天或者天晴之后使用膨果激素含量高的叶面肥。天气晴好后，叶面喷施细胞分裂素、芸苔素内酯可促进表皮的发育，恢复果实生长点生长活性。

三是加强用药管理。入春后，天气忽冷忽热，很容易导致各种病虫害发生。许多菜农用药比较频繁。唑类杀菌剂浓度过大容易影响果皮生长，尤其茄子果实快速生长期，一旦浓度过大果肉生长速度加快，必然引起裂果的发生，因此建议唑类药剂不要频繁使用。

及时防治茶黄螨、蓟马等害虫。注重喷植株幼嫩部位以及叶背，可选用15%哒螨灵乳油3000倍液或1.8%阿维菌素乳油2000倍液喷雾，连喷2～3次。

在烂果前或发病初期开始喷药，重点保护植株中下部的茄果，并注意喷洒地面，雨季还要喷药保护嫩枝。可选用75%百菌清可湿性粉剂600倍液、65%代森锌可湿性粉剂500倍液、72.2%霜霉威水剂800倍液等喷雾。

91.茄子僵茄要提前预防

问： 茄子还很小时就不长了，紫色茄子的“屁股”是白色的，摸起来很硬，掰开看里面没有种子，并且有种子的地方呈黑褐色，但是不烂，请问这是怎么回事?

答: 这是茄子僵茄现象（图 2-36）。僵茄又称僵果、石茄、石果，是茄子畸形果的一种。一般果实较小，颜色淡，果实僵硬，不膨大，海绵组织紧密，皮色无光泽，果皮发白，有的表面隆起，果肉质地坚硬，适口性差，完全丧失了食用价值。在日光温室越冬茬栽培时，多数温室在 1 月份前后容易产生僵茄。在夏季茄子果实膨大期，易受高温环境的影响，尤其是夜温偏高的条件影响更严重。一般圆茄品种比长茄品种僵果多。防止僵茄现象的关键是要提前搞好预防。

图2-36　茄子僵果

一是严格苗期温度管理，最低气温不能低于 14 ～ 15℃，地温不能低于 16 ～ 17℃，白天注意增加采光，棚温控制在 30℃以下，及时通风换气，防止高温引起僵茄发生。分苗时尽量采用大的营养钵，充分利用增光技术。花期气温不应低于 20℃，同时要防止超过 30℃的高温。

二是调整保花保果剂施用时机，用 30 ～ 50 毫克 / 千克的对氯苯氧乙酸蘸花促进果实膨大，一般保花保果剂处理花朵最佳时间只有 3 天，即花朵开放的当天和开放前 2 天均可用激素处理，但以开放当天处理效果最佳。

三是植株坐果数量要适宜，应根据植株的长势留果，对多余的果实应及早疏掉。发现单性结实的僵果，最好尽早摘除，并增施肥料促壮秧，保持氮磷钾肥分平衡。

四是结果前期适当控水控肥，中耕松土。

五是可施用芸苔素内酯等调节生长，同时也要加强田间管理，供应充足的水肥，及时防治病虫害等，结果期注重施用钾肥，叶面喷施 1% 尿素 +0.3% 磷酸二氢钾液肥，促进植株生长，或用含硼元素的叶面肥促进花芽分化。

92. 茄子再生栽培有讲究

问：（现场）早春茄子栽培后期植株高，结出来的果越来越小，去掉分杈以上的枝条，让它重新发起来，这样结出来的果实好得多，请问这样整枝（图 2-37）好吗?

答： 整枝的时期和高度把握得较好。早春茄子进入生长后期，结果能力降低。由于茄子各级枝条上都存在着较多的隐芽，利用这种特性进行老株更新修剪，可使秋后再收一批茄子，这种栽培方式结出的茄子嫩、亮，商品性好，已成生产中的常见方式。大、小拱棚茄子或早春地膜覆盖茄子都可以应用。

修剪时间约在 7 月中下旬，修剪时用修剪刀从茄秧的基部离地面 10 厘米左右处修剪，剪去上部 2 ～ 3 级老枝，并剪除枯枝、弱枝、密枝，只留 10 厘米左右的主干或分杈。把剪下的枝条全部带出园外集中处理，同时清除园内杂草、枯枝残叶。剪后用百菌清、甲基硫菌灵等广谱性杀菌剂均匀地喷一遍地和植株。隐芽萌发后，要进行抹芽整枝，大棚栽培的茄子宜留 2 个枝，每枝留 2 ～ 3 个茄子，其他侧枝和腋芽全部打掉；露地栽培的茄子宜留 3 个枝，每枝留 1 ～ 2 个果，其他侧枝和腋芽全部打掉。要注意，留取侧枝时不能留两结果主枝分杈处以下的侧枝，以防结果后茄子触地，影响品质。对已现花蕾的侧枝，可留 1 ～ 2 片叶后及时打头，对还没有出现花蕾的侧枝暂时不打头，等现蕾后及时打头。

剪枝后要加强肥水管理。宜在根附近扎眼追肥或用追肥枪追肥，每亩结合浇水追施复合肥 25 千克。结果前期浇水应以控为主，少灌水，中耕松土 3 次，门茄开花期间，土壤水分不能过高，门茄坐果后适当培土，高度为 10 厘米左右，第一个茄子坐住后再追 10 千克尿素加 10 千克钾肥，或腐熟人畜粪 1000 千克，或高钾水溶肥 20 ～ 25 千克。为提高坐果率，可用 20 ～ 25 毫克 / 千克防落素喷花保果。进入结果盛期后，应 7 ～ 8 天浇 1 次水，浇 3 次水追施 1 次肥，每亩追施尿素 15 千克、硫酸钾 7 千克，也可施有机肥 1000 千克，化肥与有机肥交替使用。在盛果中后期还可喷施磷酸二氢钾等叶面肥。

此外，及时防治蓟马、红蜘蛛、棉铃虫、甜菜夜蛾等害虫，可用 10% 吡虫啉 3000 倍液、15% 达螨净 3000 倍液、5% 氟啶脲 1000 倍液等防治。

修剪后 30 ~ 35 天，新枝上第一个茄子开始上市后（图 2-38），打去下部老叶和多余侧枝，以后可每天或隔天采收 1 次，随着气温下降，昼夜温差逐渐增大，茄子生长变慢，大棚栽培的应在 9 月中旬扣棚膜防寒保温，到10月中旬以后果实尽量不采收，到10月下旬一次采收上市。如再继续延晚，在 10 月中旬加盖草苫，继续追肥灌水，但以保温为主。

图2-37　茄子再生栽培剪枝

图2-38　再生栽培的茄子

93.防止大棚栽培的茄子产生苦味要从多方面入手

问： 茄子（图 2-39）吃起来有点苦，请问是什么原因造成的?

答： 茄子本身含有一些特殊苦味物质，如茄碱等。野生茄通常果实小、味苦，栽培驯化后苦味减轻，但仍有一定的苦味。不同的品种中苦味物质的含量有一定的差异，其含量的多少某种程度上决定着茄子苦味的轻重。因此，茄子味苦有可能是品种原因。此外，茄子果实中苦味物质的多少，很大程度上受外界环境的影响。早春或冬季栽培茄子通常会遇到连阴天气或低温寡照天气，常会影响茄子的正常生长，使其生理过程失衡，物质代谢紊乱，茄果内苦味素超量蓄积，加重其苦味。有的茄子采用嫁接育苗，若选用砧木不当，就会影响其品质，有时会加重茄子的苦味。栽培措施不当也会加重茄子苦味；茄子由营养生长转入生殖生长后若偏施氮肥，极易造成植株

图2-39　有苦味的茄子（示意）

旺长而产生苦味；栽培过程中水分供应不均，会影响植株正常的生理、生化活动，妨碍干物质的转化积累和有害物质的分解释放，导致果皮厚硬、果肉味苦，品质降低。针对上以原因，为防止茄子苦味的加重，要从以下几个方面着手。

一是要选用适宜大棚种植的品种。选择抗低温、耐弱光、苦味轻的品种。对新引进的品种，要在先行试种成功的基础上再实施扩种，避免盲目种植，以免造成损失。

二是要优化大棚生产环境，尽量满足茄子的生理需要。注意选择保温能力强的棚材和透光性能好的无滴膜，经常清除尘积和棚膜上的污物，保证充足的光照。增强大棚增温、保温性能，使大棚内的温度能够满足茄子生长的需要，特别是在坐果以后更要设法维持茄子生长的适温，以防止因光热不足导致茄子生长发育失衡，产生苦味。

三是砧木选择要适当。在进行嫁接育苗时，除了要考虑其亲和性，还要考虑砧木对茄子品质的影响，要选用对品质影响较小的一些砧木。目前生产上应用效果较好的茄子砧木主要有托鲁巴姆、赤茄等。

四是加强栽培管理，确保优质高产。种植过程中要注意合理密植，一般控制密度为 2800 ~ 3000 株 / 亩。结合果实采收，及时疏除衰老枝叶，以利于透光和防止病害侵染。坚持有机肥与全营养化肥的科学合理搭配。根据生育进程保证所需水分供应，严防肥水亏缺或供应不当，间接影响植株体内酯酶的分解，使产生苦味。茄子坐果后，选择晴好天气，相隔 10 ~ 15 天，叶面喷施 0.5% 磷酸二氢钾与 1% 蔗糖混合液 2 次，可减轻茄子苦味，提高产量和品质效果明显。

94. 着色不良的茄子商品性差，要加强温、光、湿、气、肥的田间管理

问： 茄子果色不均，本来是紫色的茄子，有的颜色很浅（图 2-40），这种果实只适宜食堂收购，运到市场没有商品性，请问如何避免？

答： 茄子进入生长后期，若管理不善会导致茄子果实转色不良，商品性不佳，菜商不愿意收购。所以，茄子生产不单单是长出茄子就可以的，还要重视其商品性。

茄子着色不良属于生理性问题，品种抗逆性差、大棚内温度过高、

图2-40　茄子着色不良

光照不足或肥水不良等因素都能导致该问题的出现。茄子果实的紫色是由花青苷类的色素形成的，而温度会影响色素的产生与运输；如果光照不足或茄子果实隐藏于植株叶片下，果实只能得到散射光，茄子产生的花青素较少，颜色就会比较淡；茄子到了生长后期，黄叶现象严重，在留果较多的情况下不注意追肥，也会影响茄子着色。因此，生产中应注意以下几点。

一是避免高温和强光。茄子结果期生长适温为 25 ~ 30℃，果实着色最适的温度为 25℃左右，温度偏低或偏高时，色素不易形成，果实颜色发红变淡，甚至容易产生杂色，降低品质。因此，在管理中要调控好大棚内的温度和光照，遇到高温强光的天气要及时拉大通风口，延长通风时间，以降低大棚内的温度，最好使棚温不要超过 33℃。还可根据天气情况设置遮阳网，茄子果实上面的叶片不要全部疏除，留几片大叶子，避免阳光长时间直射茄子表面。

二是适度遮阳。光照强时可盖上遮阳网，但不能不管晴天、阴天一直盖着。有些果实隐蔽在叶子下面，只能得到散射光，产生的色素较少，茄子的颜色也比较淡，应注意合理疏枝摘叶，避免枝叶遮光影响果实着色。另外，遮阳网可在中午强光下覆盖一段时间，弱光下应及时撤去。

三是增施钾肥，适当减少氮肥的用量。生长后期根据植株长势灵活调整追肥策略，若植株长势较旺，要适当增施钾肥，减少氮肥用量。除了氮磷钾三大营养元素，还可通过叶面喷施中微量元素叶面肥、海藻酸等促进膨果，改善着色。

四是合理留果，避免徒长。留果过少，植株会贪青晚熟，造成果实着色不佳。在管理中要注意合理留果，后期可及时疏除下部的老叶、黄叶及无用的侧枝，使养分集中供应果实，保证果实着色正常。

95.茄子卷叶的表现有多种，要有针对性地防止

问：前期茄子价格下降了，没及时管理，出现了卷叶，有的说是

病毒病，有的说是激素中毒，有的说是药害，真不知是什么原因，现在茄子价格有小幅上涨，想把茄子打理一下，请问从何处下手好些？

答： 蔬菜生产上有一句俗话，即“逢快莫赶，逢慢莫丢”，茄子价格好与不好，均要加强管理，价格来了，没有商品性好的茄子也只能“望茄兴叹”了。

茄子栽培特别是夏季露地茄子栽培中，经常发生卷叶现象，轻者只是叶片的两侧微微上卷或下卷（图2-41），重者往往卷成筒状。茄子卷叶的原因很多，高温、强光照，叶面肥害、药害，果叶比例失调，土壤干旱，肥水供应不足，病虫为害等，其中任何一项都有可能造成茄子卷叶，如果是几种因素混在一起，卷叶现象就显得更严重了。茄子卷叶事小，但找不对原因，不及时采取相应措施，不加强综合管理，也会对后期坐果丰产造成较大的影响。

图2-41 茄子卷叶现象

关于茄子卷叶，要针对可能的各种原因加强管理。

一是要掌握适宜的用药用肥浓度和使用方法，防止用药用肥浓度过大所引起的卷叶。叶面追肥和施药的浓度、时机要适宜，应按照要求的浓度配药、配肥，不要随意提高药剂、肥料浓度，特别是几种药剂或肥料混合施用时，要在先小试的基础上确保不会出现问题时，才能大面积推广应用，高温期也不要在强光照的中午前后进行叶面喷肥和喷药。

二是浇水、遮阳降温防止高温卷叶。随着茄子进入生长盛期，也进入了高温季节，无论是露地栽培茄子还是大棚栽培茄子，均要防止高温危害引起的卷叶。大棚栽培定植时要浇足底水，缓苗期要注意盖好大棚，保持高温高湿促缓苗，防止脱水，同时高温期间要加强温度管理，防止温度过高，一般最高温度应不超过35℃。缓苗期防止高温的方法有棚膜上盖遮阳网等遮阳降温。茄子露地栽培要在盛夏到来前封垄，避免强光照射。

三是采用地膜覆盖栽培，加强栽培管理，防止生理卷叶现象。地膜覆盖，植株长势强，肥水利用率高，保肥保水能力强，一般不会出现失水发生的卷叶现象。茄子产量高，要加强肥水管理，防止脱肥和脱水，要施足腐熟有机肥作基肥，每亩 7000 千克左右。蹲苗期间，要根据所用品种的类型、植株长势和天气情况等确定蹲苗的时间长短，适时浇施肥水，避免蹲苗过度，引起卷叶。结果期要加强肥水管理，经常保持土壤湿润，结果盛期要进行叶面追肥，以弥补根吸收的不足。

四是及时防治病虫害。病虫为害产生的卷叶现象一般容易识别，要及时防治害虫，不要忽视。如用 5% 抗蚜威可湿性粉剂 2000 ～ 3000 倍液等防治蚜虫，用 25% 噻嗪酮乳油 2500 倍液或 2.5% 联苯菊酯乳油 2000 ～ 3000 倍液防治温室白粉虱，用 73% 炔螨特乳油 1000 倍液或 25% 灭螨猛乳油 1000 ～ 1500 倍液等防治红蜘蛛。

96. 茄子喷药时要防止浓度过大或用药不当造成药害

问： 大棚里的茄子叶片上有许多的褐色斑点（图 2-42），有些叶片出现畸形，这段时间已经打了不少药，请问用什么药可以防治好？

答： 叶片上出现的变白或褐色斑点较均匀，大棚内的茄子出现一行行、一块块整株都有的现象，怀疑是药害导致的。农药使用浓度过高，在叶片上表现为叶脉间变色和叶缘尤其是滴药液处变白色或变褐色，叶表受到较轻药害时失去光泽。在果实上，铜制剂可使茄子果实生黑点，特别黑亮且擦不掉。菌核净可以使叶部生黑褐斑，嘧霉胺可以使茄子叶片生片状褐斑。点花药物（如 2,4-滴、对氯苯氧乙酸等）在使用浓度太高或用量大时很容易引发生长点叶变厚、变窄、扭曲畸形（图 2-43）。

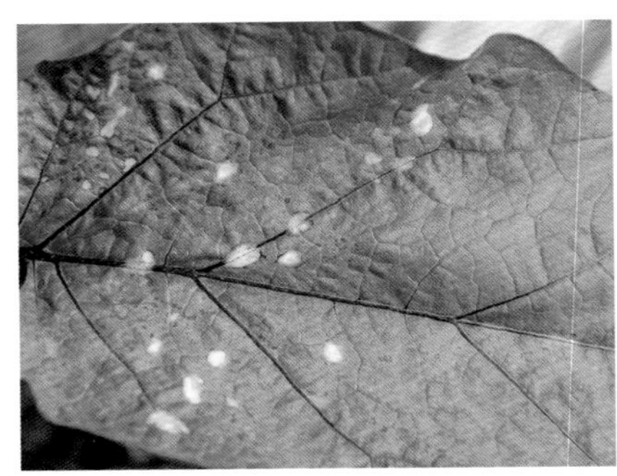

图2-42　茄子药害叶片

图2-43　药肥浓度过高导致茄子卷叶

通过及时的分析，确认是施药浓度过高造成的药害后，可依据造成药害的不同原因有针对性地采取措施。

一是喷施中和剂。即针对导致药害的药物性质，使用与其性质相反的药物进行中和缓解。如发生硫酸铜药害后，可喷 0.5% 的生石灰水解救。如受石硫合剂药害后，在水洗的基础上喷 400 ～ 500 倍的米醋液可减轻药害。有机磷类农药产生药害时，可喷200倍的硼砂液1 ～ 2次。

二是使用解毒剂。发生药害后可用某些特定的解毒剂进行补救，如多效唑等抑制剂或延缓剂造成为害时，可喷施赤霉酸溶液解救。

三是喷施生长调节剂。根据需要，选用叶绿宝、多得、康培、细胞分裂素等叶面营养调节剂和植物激素进行叶面喷施，能促进作物恢复生长，减少药害造成的损失。

四是喷施强氧化剂。高锰酸钾是一种强氧化剂，对多种化学农药都具有氧化、分解作用，可用 3000 倍高锰酸钾溶液进行叶面喷施。

五是灌水降毒。因土壤施药过量造成药害时，可灌大水洗田。

六是及时增施肥料。作物发生药害后生长受阻，长势减弱。若及时补施氮肥、磷肥、钾肥或腐熟有机肥，可促使受害植株恢复生长。如果药害是由酸性农药引起的，可在地里撒生石灰或草木灰，药害较重的还可用 1% 漂白粉液叶面喷施。对碱性农药引起的药害，可用硫酸铵、过磷酸钙等酸性肥料。

无论何种性质的药害，叶面喷施 0.1% ～ 0.3% 的磷酸二氢钾溶液，或用 0.3% 的尿素加 0.2% 的磷酸二氢钾溶液混合喷施，每隔 5 ～ 7 天 1 次，连喷 2 ～ 3 次，均可显著降低因药害造成的损失。

97. 茄子等级标准有国标

问： 今年跟港商签了几十亩的茄子合同，茄子交货时出了问题，港商经过分级挑选，只有20%的茄子符合供港标准（图2-44、图2-45），其他的全部不要，这除了不能完成合同的量，还会亏损很多，以前不知道茄子销售还要分级，请问具体的标准有哪些？

答： 这个问题之前可能双方均未想到（包括在合同里都未注明）。对方想的是，上市的茄子肯定是要经过自己精心挑选的才行；己方想的是，只要结出来的是茄子，港商就会包销。确实，蔬菜要讲究商品性，不是结出的茄子都能卖上好价钱，有些茄子根本不能上市。

图2-44　长茄分级

图2-45　卵圆茄分级

茄子品种繁多，不同品种其果实形状、大小、色泽不同。同一品种在不同环境条件或不同栽培技术下果实的形状、大小、色泽也有差异。同一批商品茄子，其果实形状、色泽、大小应相对一致。茄子按其品质分为特级、一级和二级 3 个等级，每个等级按果实的大小分为大果、中果、小果 3 种规格。茄子的长度指果柄到果尖之间的距离，横径指垂直于纵轴方向测量获得的茄子的最大距离。果实大小的整齐度用变异幅度来表示，其计算公式如下：长茄和圆茄用果长的平均值乘以（1±10%）表示；圆茄用横径乘以（1±5%）表示。茄子等级规格有国家标准 NY/T 1894—2010。

茄子应满足的基本要求：同一品种或果实特征相似品种；已充分膨大的鲜嫩果实，无籽或种子已少量形成，但不坚硬；外观新鲜；无任何异常气味或味道；无病斑、无腐烂；无虫害及其所造成的损伤。

大小规格（单位为厘米）：长茄依据果长分为大（＞30）、中（20～30）、小（＜20）；圆茄依据横径分为大（＞15）、中（11～15）、小（＜11）；卵圆茄依据果长分为长（＞18）、中（13～18）、小（＜13）。

特级标准：外观一致，整齐度高，果柄、花萼和果实呈该品种固有的颜色，色泽鲜亮，不萎蔫；种子未完全形成；无冷害、冻害、灼伤及机械损伤。

一级标准：外观基本一致，果柄、花萼和果实呈该品种固有的颜色，色泽较鲜亮，不萎蔫；种子已形成，但不坚硬；无明显的冷害、冻害、灼伤及机械损伤。

二级标准：外观相似，果柄、花萼和果实呈该品种固有的色泽，允许稍有异色，不萎蔫；种子已形成，但不坚硬；果实表面允许稍有冷害、冻害、灼伤及机械损伤。

当然，如果供港蔬菜双方对分级标准有特殊规定的，依双方约定的标准进行。

98. 茄子分级后要搞好预冷和包装

问： 茄子陆续采收几批后，就可以装一车运到市场了，运输前的预冷和包装有无要求？

答： 当然有要求，高温不利于茄子产品的保存，现在正是夏季，气温高，采收后的茄子运到仓库经挑选分级后，符合要求的茄子可装入容量为 10 ～ 20 千克的塑料筐或纸箱等容器中（图 2-46），尽快入预冷库，并在 9 ～ 12℃下预冷。采收后立即上市并在常温下销售的茄子可不进行预冷处理。有条件的可采用真空预冷法和差压预冷法预冷。

图2-46　纸箱运输包装

用于包装的容器（箱、筐等）应大小一致、整洁、干燥、牢固、透气、美观、无污染、无异味；内部无尖突物，外部无钉刺；无虫蛀、腐朽、霉变现象。纸箱无受潮、离层现象；塑料箱应符合 GB/T 8863 中的有关规定。重复利用的包装容器，要清洗容器上的污垢。

产品应按等级、规格分别包装，每批茄子的包装规格、单位净含量应一致，每件包装的净含量不得超过 10 千克。将长短、粗细相近、颜色一致的茄子放进一个塑料袋或纸包装。装袋时，把每层茄子头对头、尾对尾摆放好一层，再摆放另一层茄子，茄子与茄子之间不能互相碰撞。

包装分运输包装和销售包装两种。用于茄子运输包装的主要有竹筐、纸箱、木箱、塑料箱等。包装材料应耐水、耐高温、耐低温，并具有一定的机械强度，在搬运中不至于变形和损坏。销售包装尽可能使用一次性材料，且无毒、卫生，能够再生利用，主要有纸、泡沫（图 2-47）和塑料薄膜。茄子净菜上市小包装主要有托盘包装和收缩包装，托盘包装也叫泡罩包装，是将茄子整齐地放在塑料托盘上（图 2-48），以透明材料或其他薄膜封合。收缩包装是以收缩薄膜为材料进行产品包装，当加热时薄膜收缩紧贴产品，形成一层保护屏障。收缩包装可单果粘着膜包装，也可将几个茄子放在一起包装。销售包装必须保证包装内产品的质量好、质量准确。

图2-47　泡沫盒销售包装

图2-48　托盘销售包装

每个包装上均应标明产品名称、产品的标准编号、商标、生产单位名称、详细地址、产地、等级、规格、净含量和包装日期等，标志上的字迹应清晰、完整、准确。

第三节　茄子病虫害关键问题

99. 茄子越冬育苗谨防低温高湿环境发生猝倒病

问： 茄子播下去后，温度一直提不上来，刚出的大量茄苗几乎全部死了（图 2-49、图 2-50），请问是什么原因导致的？

答： 这茄子发生了猝倒病，该病是茄子苗期的主要病害，可使幼苗成片死亡。该病除与低温、高湿的环境有关，还与苗床通风不良、光照不足等有关。在生产上应以加强苗床管理为主，药剂防治为辅。

一是农业防治。选用无病新土或风化的河泥作床土。有机肥要充分

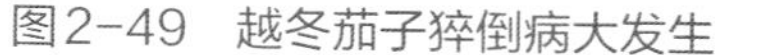

图2-49　越冬茄子猝倒病大发生

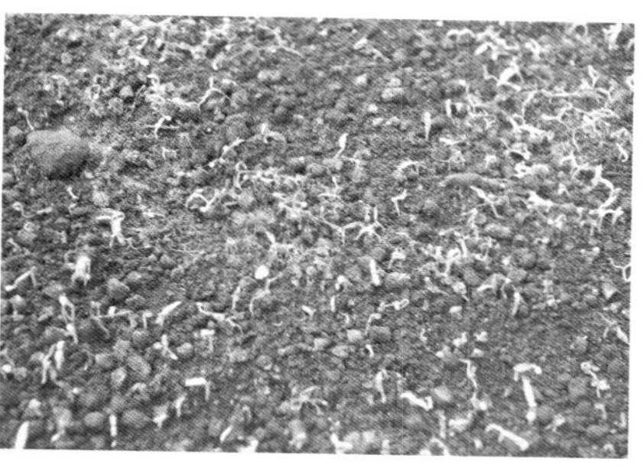

图2-50　茄子猝倒病苗

腐熟。幼苗出土后应注意苗床保温。苗期喷施 0.1% ~ 0.2% 磷酸二氢钾、0.05% ~ 0.1% 氯化钙等，提高幼苗的抗病能力。

二是种子处理。用 55℃温水浸种，边浸边搅拌，保持水温恒定，15 分钟后放在常温下浸种 24 分钟，将种子捞出洗净后放在 25 ~ 30℃条件下催芽。也可每千克种子用 20% 氟酰胺可湿性粉剂 1.5 ~ 3.0 克兑适量水浸种 15 分钟。也可使用包衣种子，如用 2.5% 咯菌腈悬浮剂 10 毫升 +35% 精甲霜灵乳化种衣剂 2 毫升，兑水 150 ~ 200 毫升包衣 3 千克种子，可有效地预防苗期猝倒病、立枯病和炭疽病等苗期病害。

三是育苗的床土进行药剂处理。用旧苗床育苗，应对床土消毒，用 65% 代森锌粉剂 60 克 / 米^3，混合拌匀后用薄膜覆盖 2 ~ 3 天，撤去薄膜待药味挥发后使用。或用五代或五福合剂（五氯硝基苯：代森锰锌或福美双 =1：1）或甲代合剂（甲霜灵：代森锰锌 =9：1），每平方米用药 8 ~ 10 克，与适量细土配成药土，下铺上盖作苗床消毒。

如果病害发现及时，可选用 72% 霜脲•锰锌可湿性粉剂 600 倍液，或 69% 烯酰•锰锌可湿性粉剂 800 倍液，或 64% 噁霜灵可湿性粉剂 500 倍液，或 58% 甲霜•锰锌可湿性粉剂 600 倍液，或 66.8% 丙森•异丙菌胺可湿性粉剂 600 ~ 800 倍液，或 70% 呋酰•锰锌可湿性粉剂 600 ~ 1000 倍液，或 50% 氟吗•锰锌可湿性粉剂 500 ~ 1000 倍液，或 35% 烯酰•福美双可湿性粉剂 1000 ~ 1500 倍液，或 57% 烯酰•丙森锌水分散粒剂 2000 ~ 3000 倍液，或 18.7% 烯酰•吡唑酯水分散粒剂 2000 ~ 3000 倍液等喷雾防治，每隔 5 ~ 7 天用 1 次，视病情程度防治 2 ~ 3 次。

100. 茄子整个生育期均易发生早疫病，应尽早防治

问:（现场）茄子苗有一些叶片叶尖或叶缘部有圆形黑疤子病斑（图 2-51），有的有霉层（图 2-52），请问应如何防治?

图2-51 茄子早疫病叶片上的圆形病斑

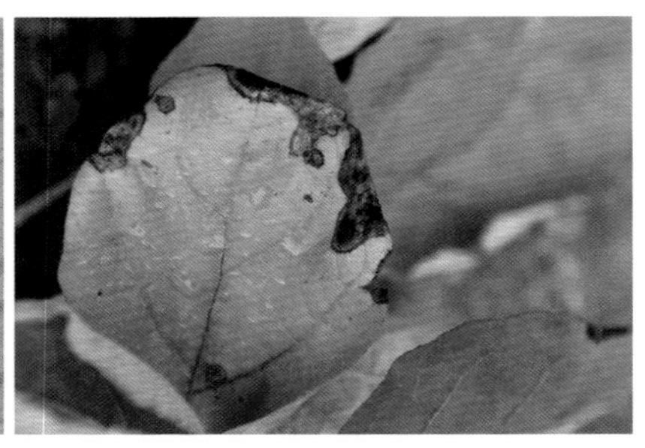

图2-52 茄子早疫病苗期染病从叶尖或叶缘开始发生

答: 这是茄子生产上常见的一种病害，为早疫病，特别是苗期受害尤为严重。早疫病可侵染叶、茎和果实。成株期发病时，主要为害叶片，造成早期落叶，果实产量受到影响，应及早防治。

一是加强农业防治。育苗时对土壤进行深翻，对温室或大棚的土地、空间、骨架用 1% ~ 2% 甲醛进行消毒。合理密植，整枝打杈，早打老叶。大棚栽培要控制好温湿度，每次浇水后一定要通风，以降低棚内空气湿度。

二是发现病株时及时用药。

有机蔬菜，可选用 0.3% 檗 • 酮 • 苦参碱水剂 800 ~ 1000 倍液等喷雾防治。

无公害或绿色蔬菜，可选用 70% 丙森锌可湿性粉剂 600 ~ 800 倍液，或 47% 春雷 • 王铜可湿性粉剂 600 ~ 800 倍液，或 70% 乙膦铝 • 锰锌可湿性粉剂 400 倍液，或 20% 二氯异氰尿酸可溶性粉剂 300 ~ 400 倍液，或 50% 乙霉 • 多菌灵可湿性粉剂 600 ~ 800 倍液，或 64% 氢铜 • 福美锌可湿性粉剂 600 ~ 800 倍液，或 75% 肟菌 • 戊唑醇水分散粒剂 2000 ~ 3500 倍液，或 68.75% 噁酮 • 锰锌水分散粒剂 800 ~ 1000 倍液等喷雾防治。

发病严重时，可选用 52.5% 异菌 • 多菌可湿性粉剂 800 ~ 1000 倍液，或 10% 氟嘧菌酯乳油 1500 ~ 3000 倍液 +2% 春雷霉素水剂

300 ～ 500 倍液，或 3% 多抗霉素水剂 300 ～ 500 倍液 +30% 醚菌酯悬浮剂 1000 ～ 2000 倍液等喷雾防治，视病情间隔 5 ～ 7 天喷 1 次。

大棚栽培，还可烟熏，每亩用 45% 百菌清烟剂 250 ～ 300 克烟熏。也可每亩用 5% 百菌清粉尘剂 1000 克或 10% 百•异菌粉尘剂 1000 克，视病情间隔 9 天喷撒 1 次。

101. 大棚茄子从苗期开始就要注意防止灰霉病的发生

问： 越冬茄子苗可能是播种太密，加上阴雨低温天气，灰霉病发展特别快（图 2-53、图 2-54），用药效果不佳，请问有更好的防治办法吗？

图2-53　茄子苗期灰霉病病叶

图2-54　茄子灰霉病苗期田间发病状

答： 茄子灰霉病属低温高湿型病害，持续较高的空气相对湿度是造成灰霉病的发生和蔓延的主要因素，以越冬育苗期的为害最重，重至毁苗。一般盛发期为春季 3 月下旬至 4 月下旬，可为害成株期叶片、花器（图 2-55、图 2-56）等，棚内低温、高湿、弱光、通风不良、植株生长衰弱最易发病，大棚冷床越冬育苗苗期也易感病。

该病在低温高湿时易发生，大棚茄子苗期主要采取闭棚保温措施，导致发生更重。此外，茄子灰霉病还容易产生抗药性，导致防治效果不佳。因此，应采取综合的措施。

一是培育壮苗，及时彻底清除病残体，集中烧毁。加强通风降湿。秧苗浇水要适量，浇水宜在上午进行，最好采用地膜下浇水。定植前要对温室或大棚进行高温消毒，定植前对茄苗进行喷药保护。

二是提前进行生物防治。对有机蔬菜，可选用 100 万孢子 / 克寡

图2-55　茄子灰霉病为害成株期叶片

图2-56　茄子灰霉病为害花器

雄腐霉菌可湿性粉剂1000～1500倍液，或2.1%丁子·香芹酚水剂600倍液，或2亿孢子/克木霉菌水分散粒剂500～600倍液，或5%香芹酚水剂600～800倍液，或100亿孢子/克枯草芽孢杆菌可湿性粉剂600～800倍液等喷雾预防。

三是药剂蘸花。对大田茄子，在开花时结合蘸花在2,4-滴或对氯苯氧乙酸中加入0.1%的65%硫菌·霉威可湿性粉剂、50%腐霉利可湿性粉剂、50%异菌脲可湿性粉剂或50%多菌灵可湿性粉剂等。或在蘸花（浸蘸整朵花）药液中加入2.5%咯菌腈悬浮剂200倍液浸蘸茄子花朵，对茄子果实灰霉病有较好的防治效果，对花的安全性也极好，不会影响坐果。

四是喷粉尘或烟熏。该法主要是针对大棚而言的，在傍晚可选用5%百菌清粉尘、6.5%乙霉威粉尘、5%氟吗啉粉尘等喷粉，亩用量1千克，隔9天左右再喷1次。也可选用10%腐霉利烟剂或45%百菌清烟剂等烟熏，每亩用量250克，熏一夜。

五是药剂喷雾。发病初期，可选用40%嘧霉胺悬浮剂1000～1200倍液，或25%咪鲜胺悬浮剂1200倍液，或50%烟酰胺水分散粒剂1500倍液，或50%腐霉·百菌可湿性粉剂800～1000倍液，或25%啶菌噁唑乳油2 500倍液，或42.4%唑醚·氟酰胺悬浮剂2500倍液，或50%啶酰菌胺水分散粒剂1500倍液，或50%异菌·福可湿性粉剂800倍液，或50%嘧菌环胺水分散粒剂1200倍液等喷雾防治。在病菌对腐霉利、多菌灵、异菌脲有抗药性的地区，可使用65%硫菌·霉威或50%多•霉威可湿性粉剂1000倍液喷雾，每隔7～10天喷1次，连喷2～3次。茎秆发病时，可将药剂原液用面粉调成糊状涂抹在茎秆病斑上，能有效预防该病的发生。

102. 大棚湿度大谨防棒孢叶斑病（黑枯病）为害

问： 最近大棚茄子的叶片上有许多大的病斑，直径常达1.0厘米以上，紫黑色（图2-57），中央颜色稍浅，常常带有轮纹，请问是早疫病吗？

图2-57　棒孢叶斑病发病叶片

答： 经显微镜检，发现是茄子棒孢叶斑病。该病又称黑枯病，为害叶片、茎和果实，主要为害叶片，是茄子的一种重要病害。

在大棚内高温高湿条件下发病严重，以5～6月晴天保护地内温度上升，且未及时通风降温除湿，湿度大时，发病多。

防治该病，要针对发病条件加强农业措施，如严格控制温湿度，防止大棚内出现高温多湿现象，切忌灌水过量，雨季要注意排水降湿，要做好放风排湿工作。发病初期及时用药防治，可选用50%甲基硫菌灵可湿性粉剂500倍液，或12.5%烯唑醇可湿性粉剂2000～2500倍液，或25%咪鲜胺乳油1500倍液，或40%氟硅唑乳油6000倍液，或20.67%噁酮•氟硅唑乳油1500倍液，或20%硅唑•咪鲜胺水乳剂2000～3000倍液，或20%苯醚•咪鲜胺微乳剂2500～3500倍液，或25%吡唑醚菌酯乳油1500倍液，或70%丙森•霜脲氰可湿性粉剂1000～1500倍液，或45%噻菌灵悬浮剂500倍液等喷雾防治，隔7～10天喷雾1次，连续防治2～3次。喷药防治时应注意不同作用机理的杀菌剂交替使用，以避免病菌抗药性的产生。

103. 露地秋茄要严防病毒病致提前拉秧

问：（现场）秋茄叶片花花绿绿的（图2-58），茄子长不大，商品性不佳，请问如何解决？

答： 这茄子得了病毒病，而且较严重，在果实上表现为变硬，长不大，果面凹凸不平，影响商品性，常致提早罢园。茄子一旦发生病毒病目前尚未有好的药剂进行治疗。病毒病多由棉蚜、桃蚜传播，蚜虫发生早和高温干旱的年份发病重。因此，秋茄得病毒病的机会更多，在生产上应提前采取杀虫防病的预防措施。

一是及时防蚜（图 2-59），切断病毒病传播途径。早期防治蚜虫和红蜘蛛，可在温室或大棚内悬挂银灰色膜条、垄面铺盖灰色尼龙沙或夏季盖银灰色遮阳网等避蚜。

图2-58　茄子花叶病毒病

图2-59　喷药防病治虫补钙硼

二是化学防治。发病初期，叶面喷红糖、豆汁或牛奶等可减缓发病，与药一起使用能增强药剂的防治效果。苗期分苗前后和定植前后用 10% 混合脂肪酸水剂 100 倍液喷洒，可增强植株的抗病毒能力，减少发病。还可喷施病毒钝化剂 5% 盐酸吗啉胍可湿性粉剂或 20% 盐酸吗啉胍·铜可湿性粉剂 400 ~ 500 倍液、0.5% 菇类蛋白多糖水剂 300 倍液、高锰酸钾 1000 倍液、2% 宁南霉素水剂 200 倍液等，隔 7 ~ 10 天喷 1 次，连喷 2 ~ 3 次，对控制病毒的增殖有较好效果。

104. 茄子青枯病要早防

问： 茄子叶片萎蔫，几天就死了，只能拔掉，请问有什么防治办法吗？

答： 茄子的一片或一边的叶片失绿萎蔫（图 2-60），逐步发展到全株，并以此为中心向周边发展，严重时可导致毁园（图 2-61），这是

图2-60　茄子青枯病重在早期预防

图2-61　茄子青枯病发病重的田间表现

茄子青枯病，是南方茄子栽培中的一种常见病害，一般从开花坐果期开始表现出来。高温高湿是发病的主要条件。由于该病是土传病害，田间一旦发生，蔓延迅速，不及时用药易毁园。

防治该病的最有效措施是采用嫁接育苗。有机蔬菜，可于定植后或发病初期，选用10亿活芽孢/克枯草芽孢杆菌700倍液，或1000亿活芽孢/克枯草芽孢杆菌可湿性粉剂1500～2000倍液，或8亿活芽孢/克蜡质芽孢杆菌可湿性粉剂100～200倍液，或80%乙蒜素乳油1000～1100倍液，或77%氢氧化铜可湿性微粒粉剂500倍液等喷淋或灌根，每株灌药液250～500毫升。

或于发病初期用55亿个/克荧光假单胞杆菌可湿性粉剂2000～3000倍液均匀喷雾，间隔7天，连喷2次，具有较好的防效。或在茄子定植后发病初期，用8亿活芽孢/克蜡质芽孢杆菌可湿性粉剂100～120倍液喷雾，10天左右喷1次，防治2～3次。

也可用10亿菌落形成单位/克多黏类芽孢杆菌可湿性粉剂100倍液浸种，或用10亿菌落形成单位/克多黏类芽孢杆菌可湿性粉剂3000倍液泼浇，或每亩用10亿菌落形成单位/克多黏类芽孢杆菌可湿性粉剂440～680克，兑水80～100千克灌根。播种前种子用本药剂100倍液浸种30分钟，浸种后的余液泼浇营养钵或苗床；育苗时的用药量按种植1亩或1公顷地所需营养钵或苗床面积的量折算；移栽定植时和初发病前始花期各用药1次。

无公害或绿色蔬菜，在刚发现病株时及时拔除病株，并在病穴施用石灰乳控制蔓延。对“无症状感染者”采取药剂灌根的形式，如可选用47%春雷·王铜可湿性粉剂600倍液+3%中生菌素可湿性粉剂800倍液，或14%络氨铜水剂300倍液，或50%琥胶肥酸铜可湿性粉剂

500倍液，或20%噻菌铜悬浮剂600倍液，或20%二氯异氰尿酸钠可溶性粉剂300倍液，或50%氯溴异氰尿酸可溶性粉剂1500倍液，或20%噻森铜悬浮剂300倍液，或20%噻唑锌悬浮剂400倍液等喷淋或灌根，每株灌药液250～500毫升，隔7天灌1次，连灌3～4次，注意药剂要交替使用。

105.早春茄子定植缓苗后注意防治根腐病

问:（现场）早春大棚茄子刚缓苗不久，发现有几株茄子异常，萎蔫死棵，请问是土壤的原因吗?

答: 这些叶片萎蔫的茄子其根、茎基部表皮呈现水浸状、黑褐色，茎基部组织溃烂（图2-62），切开茎基部，发现木质部变褐色（图2-63），侧根减少，地上部叶片变黄干枯，最后整株黄枯而死（图2-64）。说明病菌已堵塞了导管，以至于水肥运不上，地上部表现为萎蔫死棵。这是茄子根腐病死棵的典型症状，一般在茄子定植后会造成大面积根腐死秧，严重时甚至绝产绝收。

图2-62　茄子根腐病根茎部溃烂死棵

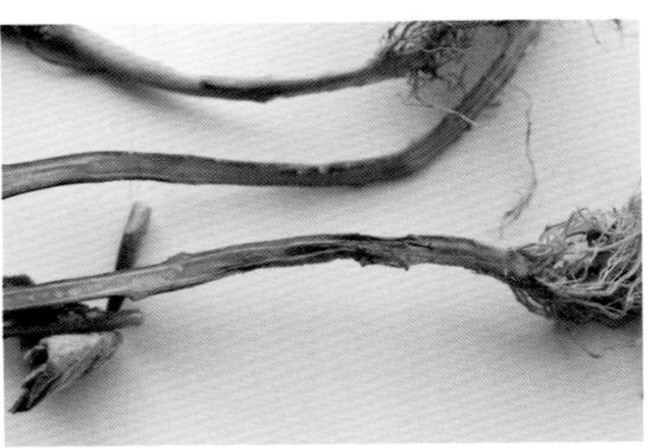

图2-63　茄子根腐病木质部变色

图2-64
茄子根腐病及根结线虫致植株黄枯死亡

目前仅发现了几株，但这几株几乎是连在一起的，说明病原菌在传播发展，其他也有可能已感病但尚未表现出症状，这个时候应把已发病株连土挖出带到田外。

对发病轻的进行药剂灌根，可选用 50% 多菌灵可湿性粉剂 500 倍液，或 70% 甲基硫菌灵可湿性粉剂 500 倍液，或 0.2% 五氯硝基苯可湿性粉剂 500 倍液，或 2.5% 咯菌腈悬浮剂 1500 倍液等药剂，隔 7 ~ 10 天灌根一次，连灌 2 ~ 3 次。期间控制浇水，同时注意叶面补充营养，可喷施 0.003% 丙酰芸苔素（爱增美）3000 倍液或海藻肥叶面肥（如海力佳等）2000 倍液等，以提高植株的抗病性。

106. 梅雨季节露地茄子谨防绵疫病

问： 好多茄子掉了一地，上面有许多白毛，不知是怎么回事，请问该用什么药防治?

答： 这是茄子生产上常见的三大病害之一绵疫病（图 2-65）。以果实发病最严重，多在近地面果实上出现水浸状小圆斑，迅速扩展至整个果面，病部黄褐色或暗褐色，稍凹陷，腐烂，干燥后变为黑褐色，并寄生黑霉。病果发病后可传播至多个果实发病，故发现后应及时摘除病果，并丢到园外销毁，果实近成熟时可导致大量落果，故俗称“掉蛋”。病果落地后，由于潮湿可使全果腐烂并遍生白霉，为该病的典型症状。发病原因主要是近段时间气温高，雨水多，以梅雨季节发生最重。

图2-65　茄子绵疫病为害果实状

发病初期可选用58%甲霜·锰锌可湿性粉剂600倍液，或68%精甲霜·锰锌水分散粒剂600倍液，或77%氢氧化铜可湿性微粒粉剂500倍液，或72%霜脲·锰锌可湿性粉剂500倍液，或72.2%霜霉威盐酸盐水剂600倍液，或69%烯酰·锰锌可湿性粉剂800倍液，或52.5%噁酮·霜脲水分散粒剂2500倍液，或62.5%氟菌·霜霉威悬浮剂800倍液等喷雾防治，重点喷果实，7～10天1次，连喷3～4次，注意药剂应交替使用。

107. 梅雨季节雨水多，大棚茄子要防止湿度大导致菌核病大发生

问：已经进入梅雨季节了，不知这茄子的菌核病是怎么发生的，应采取哪些措施控制呢？

答：茄子菌核病（图2-66）在成株期的田间表现是整株出现枯死状。茎秆发病，一般从基部或侧枝5～20厘米处开始，呈椭圆形或不规则形、淡褐色、水渍状病斑，稍凹陷。外表有些可明显看到白色的菌丝，折断茎秆有的里面已有鼠粒状菌核（图2-67）。

图2-66　大棚内的茄子菌核病病株

图2-67　茄子茎秆上的菌核病发病症状表现

茄子菌核病的发病条件之一就是湿度大，4～8月份高温多雨季节，大棚内湿度较高是茄子菌核病发生的主要原因，此期也是病害发生较重的时期。因此，要注意大棚里的湿度不宜过大，且大棚外的沟要疏通

好，防止外面的雨水倒灌进大棚内。

此外，大棚茄子定植过密，加上未及时进行整枝，造成里面密不透风，也是菌核病发病的原因之一，因此要进行整枝打杈，使植株间通风透气。

茄子菌核病的病菌可以通过病健株或病健花之间、染病杂草与健株间接触，以及农事操作或借气流传播等方式形成再侵染。茄子结果期经常采摘，经常要进行整枝打杈的处理，这些为病菌的传播提供了条件，因此一旦发现病株，应及时拔除，运到园外集中销毁，对病穴采用施石灰乳的方式封住病菌，防止进一步扩展。

药剂防治，可选用 50% 腐霉利可湿性粉剂 1000 倍液，或 50% 异菌脲可湿性粉剂1500 倍液，或50% 乙烯菌核利可湿性粉剂1000 倍液，或 40% 菌核净可湿性粉剂 600 倍液，或 25% 多菌灵可湿性超微粉剂 250 倍液，或 36% 甲基硫菌灵悬浮剂 500 倍液，或 10% 苯醚甲环唑水分散粒剂 800 倍液，或 32.5% 苯甲・嘧菌酯悬浮剂 1200 倍液等药剂喷雾，10 天 1 次，共喷 2 ~ 3 次，注意药剂交替使用。在发病中后期可用 70% 甲基硫菌灵可湿性粉剂 500 倍液 +500 克 / 升嘧菌・百菌清悬浮剂 1000 倍液喷雾防治。

108. 夏季高温高湿季节谨防茄子白绢病

问:（现场）刚栽不久的茄子植株萎蔫了，请问还有救吗?

答: 茄子萎蔫的情况有许多种，一般情况下除生理性的缺水萎蔫可通过补水补救外，由于青枯病、白绢病等导致的萎蔫就没救了，病株只能拔除，而且最好是连病土一起挖出，运出田外销毁，对病穴采用石灰乳灌穴封穴，防止土壤里的病原菌继续扩展蔓延。可以在茎基部看到有光泽的白色绢丝状的菌丝（图 2-68、图 2-69），有些死了的可看到黄褐色油菜籽状的小菌核（图 2-70），在目前这种时晴时雨的高温天气特别容易暴发成灾。

对有机蔬菜，最好是每亩用哈茨木霉菌 0.4 ~ 0.5 千克，加细土 50 千克混匀后把菌土撒施在病株茎基部，若结合枯草芽孢杆菌等微生物菌剂，在未发病时结合“三水定苗”灌施（图 2-71）2 ~ 3 次，可提前预防白绢病、枯萎病、青枯病等土传病害，一举多得。在茄子移栽前 7 天用 6% 寡糖・链蛋白可湿性粉剂 1000 倍液喷淋秧苗，并在定植缓苗后、开花前、结果盛期，单独或和其他药剂混合喷洒，可减轻

图2-68　茄子白绢病致植株失水萎蔫

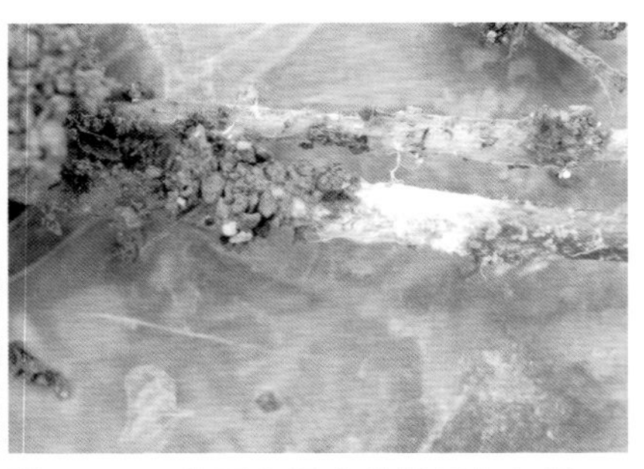
图2-69　茄子白绢病茎基部白色绢丝状菌丝

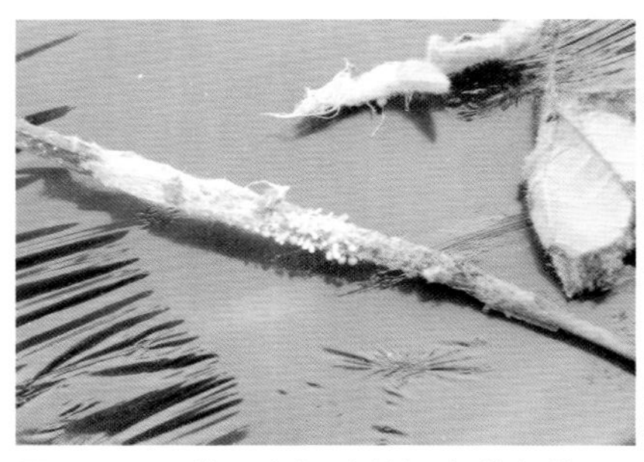
图2-70　茄子白绢病黄褐色菜籽状小菌核

图2-71　给茄子灌枯草芽孢杆菌、木霉菌、甲壳素防病促长

病害发生。

无公害或绿色蔬菜，田间未表现症状的，可以用 50% 啶酰菌胺水分散粒剂 1500 ~ 2000 倍液或 50% 腐霉利悬浮剂 1000 倍液喷雾。或用 5% 井冈霉素 A 可溶性粉剂 1000 倍液、25% 丙环唑微乳剂 3000 ~ 4000 倍液、30% 异菌脲・环己锌乳油 900 ~ 1200 倍液、50% 腐霉・多菌灵可湿性粉剂 800 ~ 1000 倍液或 20% 甲基立枯磷乳油 800 倍液等浇灌，每株灌兑好的药液 500 毫升，隔 7 天再灌 1 次。

还可用 50% 甲基立枯磷可湿性粉剂 1 份，拌细土 100 ~ 200 份，撒在病部根茎处，效果明显。

此外，有条件的在育苗时就应提前做好预防工作。在苗床时，可用 50% 多菌灵可湿性粉剂 10 克 +50% 福美双可湿性粉剂 10 克 +40% 五氯硝基苯粉剂 10 克加细干土 500 克混匀，播种时底部先垫 1/3 药土，另 2/3 药土覆盖在种子上面。

109. 茄子盛果期谨防褐纹病

问： 近期雨水多，几天不来看，茄子掉了一地，上面有些黑点，叶片上有许多大的圆形斑，请问应用什么药防治？

答： 这是茄子褐纹病（图 2-72、图 2-73），病斑上的小黑点是病原菌的分生孢子，在雨水多的季节，这些分生孢子随雨水和风等进行传播，若不及时防治易暴发成灾，严重时果实腐烂脱落或留在枝条上干缩成僵果。

图2-72　茄子褐纹病病果后期发病状

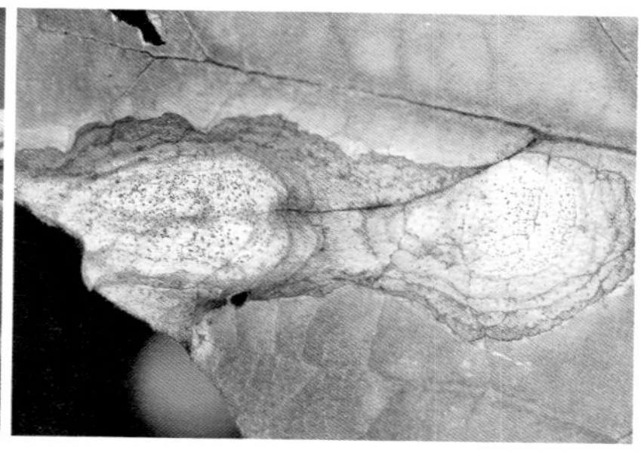

图2-73　茄子褐纹病中间灰白色部分轮生许多小黑点

要加强茄子的田间管理，及时整枝打叶，防止过密，搞好田间的"三沟"，做到雨住田干。在叶片上发现病斑时，就要及时用药。有机蔬菜，在苗期或定植前选用 77% 氢氧化铜可湿性粉剂 600 倍液、86.2% 氧化亚铜可湿性粉剂 2000 倍液喷雾，视病情间隔 7 ~ 10 天喷 1 次，交替喷施。发病初期，可选用 0.1% 高锰酸钾 +0.2% 磷酸二氢钾 +0.3% 细胞分裂素 +0.3% 琥胶肥酸铜杀菌剂混合溶液喷雾，重点喷洒植株下部，7 ~ 10 天 1 次，连喷 2 ~ 3 次，注意药剂交替使用。

无公害或绿色蔬菜，可选用 75% 百菌清可湿性粉剂 600 倍液，或 40% 氟硅唑乳油 5000 ~ 6000 倍液，或 58% 甲霜·锰锌可湿性粉剂 500 倍液，或 47% 春雷·王铜可湿性粉剂 600 倍液，或 64% 噁霜灵可湿性粉剂 500 倍液，或 10% 多抗霉素可湿性粉剂 1000 倍液，或 25% 咪鲜胺乳油 3000 倍液，或 10% 苯醚甲环唑水分散粒剂 1500 倍液，或 25% 吡唑醚菌酯乳油 1500 倍液等喷雾防治，7 ~ 10 天 1 次，连喷 2 ~ 3 次，注意药剂交替使用。

110.茄子盛果期谨防茄黄斑螟

问：（现场）茄子的嫩尖一截萎蔫枯死，请问是什么原因？

答：这种嫩尖一截萎蔫枯死的现象（图 2-74），有经验的马上可以判断这是茄黄斑螟幼虫蛀食嫩茎造成的，有时可以从枯死处发现蛀孔，并从蛀孔里找到幼虫（图 2-75）。茄黄斑螟幼虫除了为害嫩茎造成枯梢外，还可钻进茄子果实里，在外面留有蛀孔（图 2-76），幼虫在里面咬食，造成果实腐烂（图 2-77）、不长，失去商品性。因此，一旦发现要及时用药防控。一般从 5 月份开始出现幼虫为害，以 7 ～ 9 月份为害最重，尤以 8 月中下旬为害秋茄最重。

大型基地可利用性诱剂诱集雄虫。5 ～ 10 月份架设黑光灯、频振式杀虫灯诱杀成虫。于幼虫孵化始盛期防治。有机蔬菜，可用生物制剂苏云金杆菌乳剂 250 ～ 300 倍液或 0.36% 苦参碱水剂 1000 ～ 2000 倍

图2-74　茄黄斑螟幼虫蛀食茄子嫩尖造成枯梢

图2-75　剥开萎蔫叶柄可见蛀孔里面的幼虫

图2-76　茄黄斑螟为害茄子果实造成的孔洞

图2-77　茄黄斑螟为害茄子果肉造成腐烂

液等喷雾。

无公害或绿色蔬菜，可选用 70% 吡虫啉水分散粉剂 20000 倍液，或 1% 甲氨基阿维菌素苯甲酸盐乳油 2000 ～ 4000 倍液，或 5% 氯虫苯甲酰胺悬浮剂 2000 ～ 3000 倍液，或 15% 茚虫威悬浮剂 3000 ～ 4000 倍液，或 10% 联苯菊酯乳油 2000 ～ 3000 倍液，或 20% 氰戊菊酯乳油 2000 倍液，或 50% 辛硫磷乳油 1000 倍液，或 80% 敌敌畏乳油 1000 倍液，或 25 克 / 升多杀霉素悬浮剂 1000 倍液，或 240 克 / 升氰氟虫腙悬浮剂 550 倍液等喷雾防治，注意药剂交替轮换使用。

111. 夏季高温高湿季节谨防茄二十八星瓢虫为害茄果类蔬菜

问： 茄子叶片被啃成了有规律的形似梳子的伤痕，又没看到虫子，请问是怎么回事?

答： 茄子叶片上的这种有规律的梳子状伤痕（图 2-78）是茄二十八星瓢虫（图 2-79）啃食的。茄二十八星瓢虫是茄子生产上常见的害虫，严重时可把所有的叶片都吃成穿孔状，使植株光合作用减弱，提前衰老。此外，茄二十八星瓢虫还为害茄子果实（图 2-80），导致无商品性。茄二十八星瓢虫除了为害茄子外，还为害番茄、辣椒等。在湖南一般从 5 月中下旬开始为害，以 6 ～ 7 月份发生最重。当叶片已被吃得基本无绿色时，其可能已转株为害，可在周边找找，应是可以找到成虫的。

图2-78　茄二十八星瓢虫为害茄子叶片造成梳子状孔洞

图2-79　茄二十八星瓢虫成虫

图2-80　茄二十八星瓢虫为害茄子果实致无商品性

家庭少量栽培的可利用成虫的假死性，早晚拍打植株，用盆盛接坠落的虫，收集后杀灭（图 2-81）。还可仔细翻看茄子叶片背面，找到鲜黄色的卵块（图 2-82），压灭。

图2-81　用手拍打植株使瓢虫落入水盆中

图2-82　茄二十八星瓢虫卵块

基地栽培的可用频振式杀虫灯诱杀成虫，控制虫源，减少产卵量。

药剂防治，在幼虫分散前及时用药，药剂喷在叶背面，对成虫要在清晨露水未干时防治。可选用 70% 吡虫啉水分散粒剂 20000 倍液，或 20% 氯氰菊酯乳油 6000 倍液，或 21% 增效氰•马乳油 5000 倍液，或 25% 噻虫嗪水分散粒剂 4000 倍液，或 50% 辛硫磷乳油 1000 倍液，或1.7% 阿维•氯氟氰可溶性液剂 2000 ~ 3000 倍液，或 3.2% 甲维盐•氯氰微乳剂 3000 ~ 4000 倍液，或 0.5% 甲维盐乳油 3000 倍液 +4.5% 顺式氯氰菊酯乳油 2000 倍液等喷雾。重点喷施叶片背面，注意药剂要轮换使用。

112.高温干旱季节谨防红蜘蛛为害茄子

问：秋茄子屁股上有许多的花纹（图2-83），长不大，没有商品性，请问是什么病？

图2-83　红蜘蛛为害茄子果柄

答：这不是病，这是红蜘蛛为害的结果（图2-84、图2-85）。该虫是高温干旱季节茄果类蔬菜、瓜豆类蔬菜生产上的一种主要害虫，6～8月份是为害高峰期。一般以为害叶片为主，以成螨、幼螨及若螨在叶背吸食汁液，使叶面的水分蒸腾增强，叶绿体受损，叶片变色，从而使叶片变红、卷缩、干枯、脱落，甚至整株枯死。

图2-84　红蜘蛛为害茄子茎秆

图2-85　红蜘蛛为害茄子叶片

防治红蜘蛛要在点片发生阶段及时进行，可选用15%哒螨灵乳油3000倍液，或5%唑螨酯悬浮剂3000倍液，或1.8%阿维菌素乳油5000倍液，或73%炔螨特乳油1000～1500倍液，或2.5%联苯菊酯乳油1500倍液等喷雾防治。注意药剂要轮换使用，使用复配增效药剂或一些新型的特效药剂可增加防治效果。

在发生初期即大部分卵孵化前用药，可选用 20% 四螨嗪悬浮剂 3000 倍液或 5% 噻螨酮乳油 1500 倍液等喷雾，杀卵效果好，持续时间长，但这两种药剂不杀成螨。

番茄栽培关键问题解析

第一节 番茄品种及育苗关键问题

113. 番茄品种繁多，选用有讲究

问： 番茄选用什么品种好？

答： 我国现有栽培的番茄品种非常多，有普通番茄（图 3-1）和樱桃番茄（图 3-2）之分，有无限生长型和有限生长型之分，有适宜大棚

图3-1 大果型普通番茄品种

图3-2 小果型樱桃番茄

栽培、露地栽培等不同栽培方式之分等。总的原则是各地按生态环境、栽培形式、食用习惯及生产目的等选择合适的品种。

一是根据栽培目的选用品种。番茄品种按其用途可分为鲜食、观赏和加工等类型。鲜食番茄要求富含各种维生素、糖、氨基酸，糖酸比适中，风味佳，色泽鲜艳，外形美观等。观赏番茄应选用小果型、色泽迷人、光泽感强的品种；而且要求有奇特外形，如葫芦形、梨形、李形、樱桃形、卵形等（图 3-3）；株型应紧凑、矮化，适应粗放栽培。加工用番茄一般选择果实成熟期着色一致、番茄红素含量高的品种。

图3-3　外形奇特的观赏兼食用品种

二是根据自然条件选用品种。如南方酸性土壤经常有青枯病病菌存在，应选用抗青枯病的品种，如浙杂 204 等。在架材缺乏时种植番茄，应选用成熟期集中，果皮厚，成熟果在植株上挂果时间较长，植株茎秆粗、节间短的无支架栽培品种。在晚秋及初冬无霜冻的地区，秋番茄可选用无限生长类型的品种，如苏粉 9 号、金棚 1 号等；这些地区的秋番茄如迟播，也可选用有限生长类型的品种，如江蔬 14 号、海粉 962 等；在秋季前期温度高的地区，病毒病发生比较严重，后期又常遭遇早霜袭击，应选择有限生长类型、抗病毒病能力强的品种，如申粉 8 号、渝粉 109 等。在番茄黄化曲叶病毒病发生严重的地区，应选择抗该病害的品种，如苏粉 12 号、苏红 9 号、浙杂 301 等。

三是根据栽培形式选用品种。冬春和早春大棚栽培，应选择抗寒性好、耐热性强、耐弱光、耐高湿、早熟性好、植株开张度小、叶量少、叶片稀、抗多种保护地常见病害的品种，如苏粉 8 号、东农 710 等。秋延后栽培，应选用耐热、高抗病毒病的品种。采后贮存或进行长途运输的，宜选择果实硬度高、不易裂果、耐贮藏、耐运输和耐寒性较强的品种，如东农 711、金棚 1 号等。

114. 番茄穴盘育苗技术要点

问： 番茄采用穴盘育苗需要掌握哪些要领？

答： 现在蔬菜合作社茄果类蔬菜采用穴盘育苗（图 3-4）的越来越多，其成苗率高，病害少，管理相对简单，但要掌握以下要点。

图3-4　穴盘基质培育番茄幼苗

一是准备好基质。基质材料的配制比例为草炭：蛭石 =2：1。覆盖可用基质或蛭石。基肥施用量为每立方米基质中加入 15-15-15 氮磷钾三元复合肥 2.5 千克，或每立方米基质中加入复合肥 0.75 千克和烘干鸡粪 3 千克（或者腐熟羊粪 4 千克）。基质与肥料要充分搅拌混合均匀后过筛装盘。穴盘通常选用 72 孔规格。

二是播种催芽。基质装盘后打孔，播种深度为 1 厘米左右，然后覆盖和浇水。此次浇水一定要浇透，要看到穴盘底部的穴孔中有水滴流出为止。播种完成后将穴盘运送到催芽室或温室中催芽。经 2 ~ 3 天，当苗盘中 60% 的种子萌发出土时，即可将苗盘移入育苗温室。如果没有催芽室，可直接将播种盘放入育苗温室中，环境条件要尽可能地符合催芽室的标准。为了保持湿度可以在穴盘表面覆盖地膜，但要在 30% ~ 40% 的种子萌发出土时及时除去，以免灼伤幼苗。

三是加强育苗管理。子叶展开至 2 叶 1 心期基质中有效水含量为持水量的 65% ~ 70%，3 叶 1 心以后水分含量为 60% ~ 65%。番茄幼苗在水肥充足时生长很快，所以不必浇水太勤，但宜浇匀浇透（浇水不匀会使幼苗生长不齐），浇水后应加大通风。2 叶 1 心前的温度管理以日温 25℃、夜温 16 ~ 18℃为宜。2 叶 1 心后夜温可降至 13℃左右，但不要低于 10℃。白天酌情通风，以降低空气相对湿度。苗子 3 叶 1 心后每 7 ~ 10 天进行 2 ~ 3 次营养液追肥。补苗要在 1 ~ 2 片真叶展开时抓紧补齐。

病害主要有猝倒病、立枯病、早疫病、病毒病，虫害主要有蚜虫和白粉虱。防治猝倒病和立枯病的主要方法是基质消毒、控制浇水和通风排湿，夜温不得低于10℃，环境湿度不得高于70%，防治重点在2叶1心以前。也可使用百菌清或多菌灵等药剂进行防治。防治早疫病，可喷施百菌清或波尔多液等药剂。防治病毒病主要是安装防虫网、消灭蚜虫，注意遮阳降温，保持环境湿度。防治蚜虫的主要方法是喷施阿维菌素等药剂。防治白粉虱的主要方法是喷施噻嗪酮等药剂，或采用黄板诱杀。

115. 番茄顶部嫩叶黄化要视农事操作查找原因并对症防治

问： 番茄苗的顶端有几片嫩叶出现黄化症状（图3-5、图3-6），请问是不是前段时间冷害所致？

图3-5　番茄苗缺铁性黄化发生状　　图3-6　番茄苗缺铁性黄化近照

答： 不是，这种情况可能的原因有缺铁、除草剂药害或用劣质塑料育苗钵。

番茄缺铁时，顶部叶片（包括侧枝上的叶片）的叶脉间或叶缘失绿黄化，初末梢保持绿色，后逐渐全叶黄化变白，叶片较小（呈黄白苗）。黄化从顶叶向下位老叶发展，并有轻度组织坏死。针对缺铁，可补充铁肥，可喷施0.5%～1%硫酸亚铁水溶液，或100～120毫克/千克柠檬酸铁水溶液，或0.02%～0.05%的螯合铁。若是大田缺铁，在沤制基肥时，每亩掺入硫酸亚铁1～2千克一起沤制施用，每亩重施充分腐熟的优质有机肥5000～6000千克，因有机肥中铁元素含量较高。

在大田生长中，若是出现这种情况，除草剂药害的可能性就大。如果是因施用除草剂不当，引起番茄顶部的嫩叶黄化，在使用除草剂时一要选择合适的品牌，二要注意浓度，三要注意使用方法，菜地最好不使用除草剂。已经造成药害，不严重的，可以喷施芸苔素内酯或叶面肥进行调控。

在使用塑料营养钵育苗时，为了预防劣质塑料带来的危害，一定要选择质量好的合格的营养钵。

116. 番茄早春育苗应注意防止冷冻害伤苗

问： 番茄苗子上出现许多白色的斑点（图 3-7），又不扩展，不知是什么病，请问应如何防治？

答： 这是前几天突然降温导致的。从田间分布看，一般大棚（苗床）的四周重于中间，特别是大棚两边较重，但总体分布较均匀，没有中心病株。

图3-7　冷冻害导致的番茄叶变白失绿

在进行早春大棚番茄育苗时，常因天气不稳定，突然大幅度降温，若管理不到位或未充分重视就易出现这种情况，因此育苗户要时常关注天气预报，提前搞好预防。如因地制宜选用耐低温的品种；根据不同保护地设施和育苗条件确定播种期；降温时，保护地内增盖一层中棚薄膜防寒，以增加对外界的隔温条件，也可棚内进行人工加温；喷施叶面肥；药剂防治可选用抗寒剂，可用 3.4% 碧护可湿性粉剂 5000 ~ 7500 倍液，或 15 升水加 50 克红糖加 0.3% 磷酸二氢钾喷施。

若已发生了冷冻害，可采取如下补救措施。

一是放风降温。大棚番茄受冻后，不要马上闭棚升温，而要放风降温，使棚内温度缓慢上升，给受冻组织以充分的时间吸收因受冻而脱出的水分，从而促进受冻组织复活，减少组织死亡。

二是人工喷水。在大棚内用喷雾器喷水，增加棚内的空气湿度，从而稳定棚温，抑制受冻组织脱水，促进受冻组织吸水。

三是遮阳避光。在棚上搭盖遮阳物，防止阳光直射，以免番茄组织脱水干缩，失去生活力。

四是追肥喷药。受冻番茄缓苗后，要及时追施速效肥料，剪除死亡组织，使番茄快速生长。同时还要加强管理，及时用药防治病虫害。

117. 番茄早春育苗要注意温度和苗期用药防止出现无头苗

问：早春番茄苗不见生长点，成了无头苗（图3-8），是什么原因造成的?

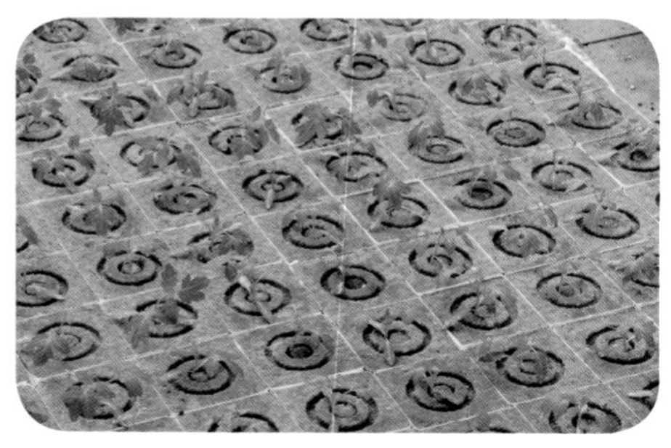

图3-8　番茄无头苗

答：导致番茄苗期无头的原因很多，主要是苗期低温和苗期用药。棚内温度高于35℃或长时间低于10℃，可导致幼苗生理性缺硼，生长点生长受到抑制而出现无头；控旺药剂、杀虫剂、三唑类杀菌剂等使用不当，可对生长点造成损害；过度干旱使植株顶端生长点受害而导致自封顶；蓟马、黄条跳甲及芽枯病也会导致自封顶。

如果自育苗以来未发生过虫害，也未使用植物激素、叶面肥和其他农药，则可能是棚内温度低、土壤干旱使根系吸收功能下降，造成缺硼导致的，也不排除芽枯病。越冬或早春育苗期间，若大棚保温性能差，遇冷空气多的时段，易使大棚内下半夜的温度低于10℃。营养钵或基质育苗时补水不及时，易发生干旱缺水，使根系生长不良，降低了对硼元素的吸收，使番茄生长点生长慢或死亡。

因此，育苗期间应加强保温工作，注意及时浇水防止干旱，同时喷施植物生长调节剂保证根系及生长点的正常生长。遇低温时段，应在大棚内采用小拱棚双层保温，或开地热线保温，或采用电灯泡补光补温，或用空气加温线加温。在干旱前喷水与灌水结合避免营养土或穴盘干旱。如果只单纯进行喷水，仅能湿润营养土表层，且水易流失，营养土内部就会一直干旱。对番茄无头苗应多加看护，可喷施爱多收、甲壳素、叶面肥等养根提头，促进新芽出现。如果留取侧枝换头，植株生长前期一定要注意培育壮棵。

若是芽枯病为害可喷施噁霉灵进行防治。

118. 番茄苗期控旺主要应加强通风透气、控水促壮等管理

问：这样的番茄苗（图 3-9）要不要控旺？能用药控吗？

答：需要控旺，当然也可以用药控旺，但苗子还小，应加强棚室通风、覆盖物揭盖管理，改善苗床光照，提高床温，水分以半干半湿为宜，育苗盘播种浇水次数要多些。白天气温超过 30℃时应在中午前后短期放风，降温排湿。如床土养分不够，可结合浇水喷施 0.1% 复合肥。不要一上始就用化学控旺。

图3-9　这样的番茄要控旺吗？

若使用化学控旺，可以选用多效唑。番茄苗期徒长时喷施 150 毫克 / 千克多效唑，能控制徒长，促进生殖生长，利于开花坐果，收获期提前，增加早期产量和总产量，并能使早疫病和病毒病的发病率及病情指数明显下降。无限生长型番茄用多效唑处理后，受抑制期短，在定植后不久就可恢复生长，有利于茎秆变粗壮以及抗病性增强。

春番茄育苗中必要时可用多效唑进行应急调控，在幼苗刚出现徒长，离定植期较近而又必须控苗时，浓度以 40 毫克 / 千克为宜；反之则可适当增加浓度，以 75 毫克 / 千克为宜。多效唑在一定浓度下抑制的有效时间为三周左右，若控苗过度，可通过叶面喷施 100 毫克 / 千克赤霉酸并增施氮肥来解除。

也可选用矮壮素控旺。在番茄育苗过程中，有时由于外界气温过高、肥水过多、密度过大、生长过快等原因而造成秧苗徒长，除控制浇水、加强通风外，可于 3 ~ 4 叶至定植前 7 天，用 250 ~ 500 毫克 / 千克

矮壮素土壤浇施，防止徒长。秧苗较小，徒长程度轻微的，可喷雾，以使秧苗的叶和茎秆表面完全均匀地布满细密的雾滴而不流淌为度；秧苗较大，徒长程度重的，可喷洒或浇施。一般 18 ~ 25℃时，选择早、晚或阴天使用。施药后要禁止通风，冷床需盖上窗框，大棚必须扣上小棚或关闭门窗，以提高空气温度，促进药液吸收。施药后 1 天内不可浇水，以免降低药效。中午不可用药，喷药后 10 天开始见效，效力可维持 20 ~ 30 天。如秧苗没有出现徒长现象，最好不用矮壮素处理，即使番茄秧苗徒长，使用矮壮素的次数也不可过多，以不超过 2 次为宜。

第二节 番茄定植及田间管理关键问题

119. 樱桃番茄定植后管理要把握好七个要点

问：圣女果（小番茄，樱桃番茄）秧苗已请人代育，在种植上要把握哪些要点?

答：种好圣女果要把握好以下几点。

一是选择好地块很重要。种植圣女果最好选用近两三年内未种植茄果类蔬菜、马铃薯的地块，这样连作障碍小，土传病害少或轻，成功的概率大，此外还要求地势高燥、排灌方便。

二是搞好整地施肥。最好有机肥与化肥配合施用，每亩施腐熟堆厩肥 2500 千克（或人畜粪 2000 千克，或腐熟菜饼 100 千克，或生物有机肥 300 千克）、复合肥 30 千克、过磷酸钙 50 千克作基肥，撒施后深翻 30 厘米 2 遍，达全层施肥。长期未施石灰的地块，建议在翻地前半月每亩施生石灰 100 千克。做宽 1 ~ 1.1 米、高 20 ~ 30 厘米的垄，定植前一周要铺好地膜，待定植。疏通畦沟、腰沟和围沟，做到“三沟”配套。

三是及时定植。采用露地加地膜覆盖栽培（图 3-10），可以从 3 月中下旬至 4 月上旬，株高 25 厘米，茎粗 0.6 厘米，现大蕾，苗龄 65 ~ 70 天，选冷尾暖头的晴天定植，垄顶栽双行，小行距 40 厘米，株距 60 ~ 70 厘米，每平方米栽 3 株苗。

四是定植后及时浇定根水。定植 5 ~ 7 天后，浇一次缓苗水，浇水

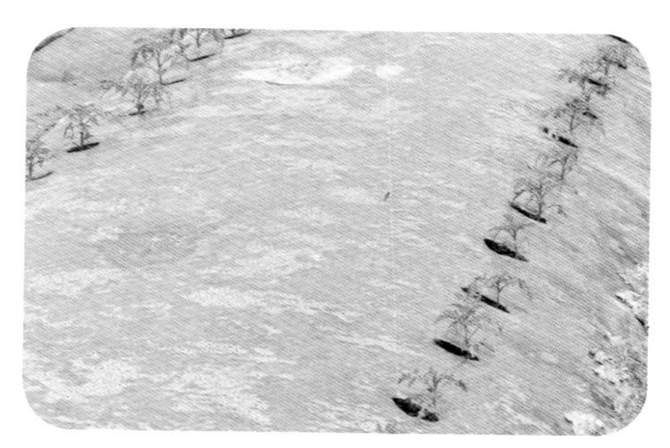

图3-10　番茄地膜覆盖定植

量不可过多。建议从缓苗水开始，每亩用1亿菌落形成单位/克枯草芽孢杆菌微囊粒剂（太抗枯芽春）500克+3亿菌落形成单位/克哈茨木霉菌可湿性粉剂500克+0.5%几丁聚糖水剂1千克浇灌植株，后期可每月冲施1次。

五是及时追肥。在第1次果穗开始膨大时开始追肥，每亩施有机肥200千克，或随水冲施复合肥20千克，以后每隔15天左右追肥1次。生长期间每隔7～10天叶面喷施磷酸二氢钾等有利于增产。为防止出现脐腐病和裂果等现象，可在坐果期叶面喷施速效硼和糖醇钙等。

六是搞好植株调整。株高达25厘米时，及时搭架固定植株，采用单干整枝，及时去除侧枝和下部黄叶、老叶。

七是搞好病虫害的防控。重点注意防治晚疫病、灰霉病、病毒病，提前预防细菌性髓部坏死病、青枯病等细菌性病害。

120. 番茄定植后若积水沤根易致植株不死又不长

问：（现场）定植的番茄看不出有什么病害，但就是不长，又不死，有的一侧没有新根，有的根横长，不直长，把茎剖开（图3-11），根茎部均无病变表现。再看整田情况，明显与同期定植长势好的番茄（图3-12）相去甚远，请问这是什么原因造成的呢？

答：经仔细观察，发现不死不长的番茄地明显较长势较好的地块地势要低，且其田间积水严重。因此判断这是长期积水导致的沤根现象。沤根造成叶片吸收营养障碍，从而导致叶片黄化、僵苗。

建议把腰沟挖到40厘米以下，围沟挖到深50厘米以下，宽40厘米，并与排水渠道相通。

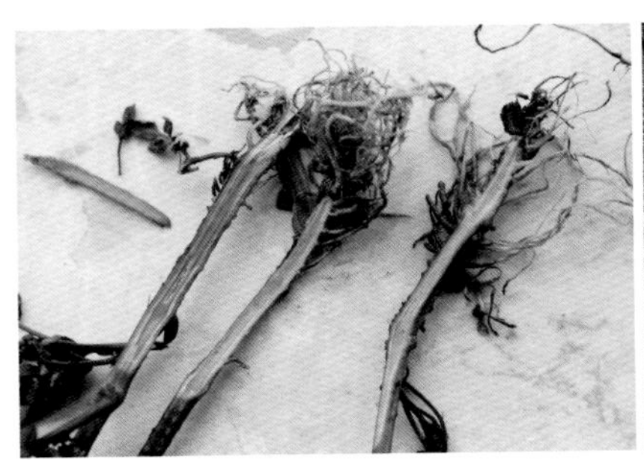
图3-11　不死不长的番茄纵剖面

图3-12　相邻地块同期定植的番茄长势相差明显

当然，要确保排水渠的水面低于围沟，能把水排到外面。否则，沟挖得再深，水排不出也无济于事。“三沟”要尽快搞好，因为上半年的雨水特别多。

把畦沟、腰沟、围沟等疏通，排干田里的水后，再灌一次含氨基酸、甲壳素或海藻酸类的生根肥料。否则土壤含水量高了，灌了将加重湿度，会造成继续沤根缺氧，即不降低地下水水位，施生根类肥料是没有用处的。另外，也可以叶面喷施含氨基酸、甲壳素、海藻酸或腐植酸类的叶面肥 + 磷酸二氢钾 + 尿素等，通过叶片补施见效要快些。

综上所述，排除积水，下促生根，上促长叶，三个方面应一起努力。

121. 春露地番茄栽培要施足基肥并及时追肥

问：马上要定植露地番茄了，请帮忙指导一下施肥方案。

答：番茄产量高，收获时间长，效益好，应充分认识到施肥的重要性。原则上，蔬菜讲究测土配方施肥，而在没有测土的情况下，春露地栽培（图 3-13）普遍的施肥可以参照以下方案进行。

图3-13　番茄春露地地膜覆盖栽培要讲究基肥和追肥管理

（1）基肥方案　一般每亩施腐熟优质有机肥 4000 千克左右、饼肥 100 千克、过磷酸钙 50 千克、硼酸 1 ~ 2 千克，基肥最好沟施，也可撒施。

（2）追肥方案　在基肥不足的情况下，早施提苗肥，在浇缓苗水时施入，一般每亩追施腐熟稀薄粪尿 500 千克，或缓苗后结合中耕每亩穴施（穴深 10 厘米，距离植株 15 ~ 20 厘米）腐熟有机肥 500 千克或尿素 5 千克。

第一果穗坐果以后，结合浇水要追施 1 次催果肥。一般每亩可施尿素 15 ~ 20 千克、过磷酸钙 20 ~ 25 千克，或磷酸二铵 20 ~ 30 千克。缺钾地块应施硫酸钾 10 千克，也可用腐熟人粪尿 1000 千克 + 草木灰 100 千克代替化肥施用。以后在第二穗果和第三穗果开始迅速膨大时各追肥 1 次，一般每亩追施尿素 15 千克、硫酸钾 20 千克，或三元复合肥 40 千克。高架栽培第四穗果开始迅速膨大时也要追肥，每亩追施氮素化肥 15 ~ 20 千克、硫酸钾 20 千克。拉秧前 15 ~ 20 天停止追肥。追肥可以土埋深施，也可随水浇灌。

番茄栽培除土壤追肥外，还可进行叶面追肥，可选用 0.2% ~ 0.4% 磷酸二氢钾，或 0.1% ~ 0.3% 尿素，或 2% 过磷酸钙溶液喷施叶面，也可叶面喷施多元复合肥。

122. 大棚春提早栽培番茄要重视施肥管理

问： 今年准备栽 8 亩大棚番茄（图 3-14），要提前准备一下肥料，请问有何要求？

图 3-14　早春大棚番茄要合理施肥，以调节营养生长和生殖生长

答：“蔬菜一枝花，全靠肥当家”，许多农户有冬储肥料的习惯，主要是价格相对便宜，可以节省不少的成本，其实大棚番茄过完春节就

可以栽了，冬储的时间也不会太长。可按以下的标准进行配肥和储肥。

（1）基肥　一般每亩施入腐熟有机肥 3000 千克（或商品有机肥 400 千克）、饼肥 75 千克、三元复合肥 50 千克，采用全耕作层施用的方法，即肥与畦土充分混合。

（2）追肥　缓苗后一般不追肥，也可视生长情况轻施 1 次速效肥。待第一批果实直径长到 3 厘米时结合追肥浇 1 次水，盛果期后结合采收追肥 2 ~ 3 次，每亩每次追施 30% 腐熟人粪尿 200 千克或三元复合肥 10 ~ 15 千克。还可结合喷药叶面喷施 1% 过磷酸钙或 0.1% ~ 0.3% 磷酸二氢钾。

123. 番茄追肥最好用水溶肥且应适时适量

问：这番茄全部（向上）卷叶了，是怎么回事？会不会是前几天追肥时用的鸡粪和化肥的原因？

答：的确，确实是施肥不当造成的肥料烧根，从而引起生理性卷叶（图 3-15、图 3-16）。一是干鸡粪等有机肥作追肥的效果不佳。二是干鸡粪没有经过充分腐熟无论是作基肥还是追肥都是不行的。鸡粪虽在外面堆了半年之久，但不表示已发酵了。要维持一定的湿度加腐熟剂加薄膜覆盖等，使高温腐熟充分发酵才行。三是番茄密度大，已封行，表明地下的根系基本布满，用干鸡粪和颗粒化肥埋施作追肥，肯定会接触到根系，造成局部浓度过大而烧根。

图3-15　番茄施未腐熟鸡粪致叶片卷缩

图3-16　扒开番茄旁的土壤发现施肥处根系受伤

因此，番茄追肥提倡以水带肥浇施，薄施；若是采用埋施的方法，只宜在未封行前，且距离植株至少 10 厘米以上。封行后宜选用高氮型大量元素水溶肥、高钾型大量元素水溶肥轮换滴灌施肥或冲施。对于已经发生的这种肥害情况，建议用水把化肥等淋洗到土壤深层。植株上面可以喷施芸苔素内酯等调节生长。

124. 温室番茄水肥一体化滴灌施肥有讲究

问： 请提供一套番茄水肥一体化施肥管理流程。

答： 温室番茄水肥一体化栽培（图 3-17、图 3-18）要根据番茄需肥特性及目标产量制订配套施肥方案，追肥以滴肥为主，肥料应先在容器溶解后再放入施肥罐。

图3-17　番茄日光温室无土栽培　　图3-18　番茄水肥一体化施肥浇水

（1）定植至开花期　此期滴灌 2 次，第一次滴灌不施肥，用水量为 15 米 ^{3}/ 亩。第二次滴灌，肥料配方为氮：磷：钾 =1：0：0.8，施肥量为尿素每亩 10.9 千克，硫酸钾每亩 8 千克，用水量为 14 米 ^{3}/ 亩。

（2）第一至第三层果坐住期　此期每隔 15 天左右滴灌施肥 1 次，根据气温情况，一般每次用水量为 8 ~ 18 米 ^{3}/ 亩；施肥配方为氮：磷：钾 =1：0：1.25，每次施肥量为尿素每亩 8.7 千克、硫酸钾每亩 10 千克。根据墒情，随时可浇水，气温高时浇水量可大些。

（3）果实采收期　一般 15 ~ 20 天进行 1 次滴灌施肥，具体时间以天气情况或土壤墒情确定。施肥配方为氮：磷：钾 =1：0：1.25，施肥量为尿素每亩 8.7 千克、硫酸钾每亩 10 千克，用水量为 12 ~ 18 米 ^{3}/ 亩。气温高时，可 7 ~ 10 天浇 1 次水，水量可增加至 15 ~ 18 米 ^{3}/ 亩。采收后期的 1 ~ 2 穗果，施肥配方不变，施肥量适当减少，施肥量为尿素每亩 7 千克、硫酸钾每亩 8 千克。

（4）操作方法　每次灌溉施肥前，按照水肥管理中所述肥料配方称取所用肥料，用较大的容器把肥料溶解、过滤，把肥液倒入施肥罐。渣滓倒掉，注意渣滓倒入土壤中时不要集中倒在一起，否则肥料浓度过大会引起烧苗。施肥罐与主管上的调压阀并联，施肥罐的进水管要达罐的底部，施肥前先灌水 10 ～ 20 分钟。施肥时，拧紧罐盖，打开罐的进水阀和出水阀，罐注满水后，调节阀门的大小，使之产生 2 米左右的压差，将肥液吸入滴灌系统中，通过各级管道和滴头以水滴形式湿润土壤。每次施肥时间控制在 40 ～ 60 分钟，防止由于施肥速度过快或过慢造成施肥不均或不足。冬暖大棚一般从上午 10 时开始，早春大棚一般从下午 4 时开始，滴灌总用时 2.5 ～ 4 小时。施肥结束后，灌溉系统要继续运行 30 分钟以上清洗管道，防止滴管堵塞，并保证肥料全部施于土壤，渗到要求深度。注意滴肥前先滴水约 40 分钟，滴肥后再滴清水 30 分钟清洗管路，以免肥料在滴头处结晶堵塞滴头。每个月定期清洗管路（打开滴灌管末段冲洗）和过滤器。

125. 大棚番茄生长期要早用微生物菌剂灌根，以预防青枯病等土传病害

问： 有机番茄一旦得了青枯病等病，根本无法控制，有什么好的方法推荐吗?

答： 确实，番茄一旦得了青枯病，目前的办法就是拔除。该病只有提前采取预防措施，按照技术要求，目前正在采取的用微生物菌剂灌根（图 3-19、图 3-20）是最好的办法。提倡从缓苗水开始，结合浇

图3-19　大棚早春番茄栽培给植株灌微生物菌剂预防病害

图3-20　番茄植株灌微生物菌剂每株400毫升左右

水每亩用1亿菌落形成单位/克枯草芽孢杆菌微囊粒剂（太抗枯芽春）500克+3亿菌落形成单位/克哈茨木霉菌可湿性粉剂500克+甲壳素（或氨基酸水溶肥）1000倍液等灌根3次，每隔10天左右1次，该法对防治青枯病、根腐病、枯萎病、立枯病等均有效果。

田间发现病株要及时清除并烧毁，然后在病穴处撒20%的生石灰。发病初期，可选用3%中生菌素可溶性粉剂600～800倍液喷雾，或选用90%新植霉素可湿性粉剂4000倍液、20%噻菌铜悬浮剂600倍液、12%松脂酸铜乳油500倍液、77%氢氧化铜可湿性微粒剂400～500倍液或50%琥胶肥酸铜可湿性粉剂400倍液灌根，每株灌配制好的药液300～500毫升。隔10～15天灌1次，连灌2～3次，注意交替用药。

126.番茄要及时整枝

问: 番茄长得这么高了，只开了2朵花，不知是什么原因，要不要整枝?

答: 这番茄长得很茂盛（图3-21），从图3-21看，这一株番茄至少有6条秆，确实要整枝。过多的枝条光合作用强，营养生长旺盛，导致营养生长与生殖生长不协调。番茄必须整枝，常用的方法有单干式、双干式、一干半式或换头式（图3-22），四种方式均可。整枝要经常进行。此外，要注意浇肥水不要太勤，让盆栽番茄土壤适当干些，以蹲苗促壮，待坐稳果后再浇施肥水。

图3-21　盆栽番茄徒长不坐果

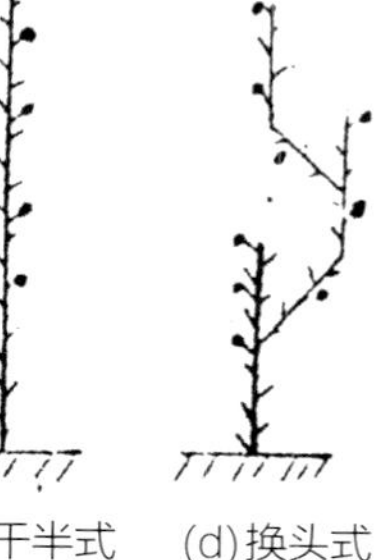
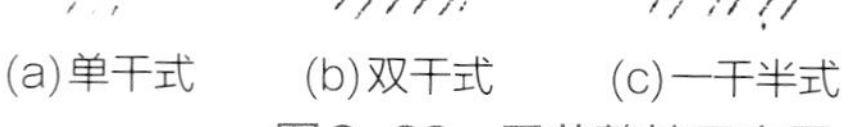
(a)单干式　(b)双干式　(c)一干半式　(d)换头式

图3-22　番茄整枝示意图

127.番茄整枝需注意一些细节问题

问： 今天基地社员正在给早春露地地膜覆盖栽培的番茄进行整枝（图 3-23），请指导下员工的操作好吗？

答： 采用三干整枝是可以的，在整枝的同时，还把病叶、黄叶连带去掉，定植穴里的杂草也顺便去除，遇到发黄矮化的病毒植株连根切除，四个动作几乎一并进行，整枝的技术和动作总体还是很到位的。但有几个细节应把握好。

图3-23 番茄整枝

一是要注意整枝打杈要选晴天进行，最好是晴天中午，有利于伤口愈合。

二是整枝时，要留 1 厘米的枝干（图 3-24），不要贴着主干剪枝。主要是怕剪枝时留下的伤口感染病害，为害主干。

三是整枝打杈完后，要普遍喷施一遍药剂，可选用广谱性的药剂，如甲基硫菌灵（或甲霜·锰锌、嘧菌酯、吡唑醚菌酯）+ 氯溴异氰尿酸（或二氯异氰尿酸）等，以预防伤口感染和传播病害。

四是在拔掉那些感染黄化病毒的番茄植株时（图 3-25），要安排专门的人手单独处理病株，并要把病株运出田外毁掉（把病株继续留在地里的做法不对）。拔完病株后要用肥皂水等清洗后，才能接触健株。

图3-24 番茄整枝要留1厘米枝干

图3-25 番茄黄化病毒病株要单独处理，不宜病健一起操作

健株病株一起操作，这样做是不好的，病源会通过手、衣服等进行传播扩展。

128. 番茄喷保花保果药剂有讲究

问： 从南县来的张师傅种番茄有水平，他用防落素喷花，一喷一个准（图 3-26），请问应掌握哪些技术要点？

图3-26　给番茄喷花

答： 确实，在番茄生产上使用防落素喷花进行保花保果是很早在生产上应用的成熟技术，用防落素喷花时要掌握以下几个要点。

一是适宜的时期。用小型喷雾器喷花，应在一个花穗有 2 ～ 3 朵花开放时喷花最好。不要在一个花穗第一朵花蕾快开时涂花式喷花，也不要把药液喷到嫩叶及生长点上，否则会产生药害。

二是把握好浓度。对氯苯氧乙酸的使用浓度一般为14 ～ 16毫克/升，浓度太低作用不显著，浓度过高易出现畸形果、空洞果。浓度还应随外界温度的变化而变化，一般高温时取浓度低限，低温时取浓度高限。

三是把握好喷花部位。喷花时应喷在花柄和花萼处，不要喷在花瓣上。一般一个花穗喷一次，就可坐果 2 个以上。

四是把控好喷花时温度。以温度 20 ～ 25℃内喷花效果最好。秋季 9 ～ 10 月份或者夏初 5 ～ 6 月份气温很高的时期，宜在下午 5:00 以后喷；晚秋和春季 3 ～ 4 月份，宜于上午 9:00 ～ 10:00 或下午 3:00 ～ 4:00 喷；在冬季低温时期宜在多云或晴天上午 10:00 至下午 2:00 喷，当大棚温度在 15℃左右时也可以喷花，但是在冬季和早春阴雨天不要喷。

五是注意喷花间隔期。在春秋季节温度高时，一般间隔 3 ～ 4 天，早春季节温度低时，间隔 5 ～ 6 天。一般在上一次喷花可以看得到花萎蔫，果实开始坐果膨大时，再喷下一次，这样可以做到不重复喷花。如果遇到连续阴雨天，待天气转晴后再喷，已开放的番茄花再喷也有效果。

六是加强喷花后的管理。为了提高经济效益，在幼果期及时摘去没有价值或价值低的病果、畸形果、裂果、小果。若单穗结果过多，还要进行适当疏果，一般第一穗果留 2 ～ 3 个，以后每穗留 3 ～ 4 个，最多留 5 个。单穗不要留果过多，当一穗果已结 3 ～ 4 个小果时，后面开的花或结的小果必须及时摘去。

129. 番茄每穗留果不宜太多

问：（现场）今年的番茄长势很好，1穗上面结了10个番茄（图3-27、图 3-28），要如何加强管理才能保证高产高效？

图3-27　番茄留果过多的大田生长情况

图3-28　番茄每穗果留果过多

答：番茄结得这么多归功于整枝打杈、保花保果、肥水管理以及病虫害防治非常到位，但每穗上留这么多果，要想每个果实都长得如品种介绍中的那么大是不可能的，结果太多，需要疏果。

番茄生产中常常发现，番茄植株越往上越细，而且果实也越小，大多是因为每穗留果不当。番茄留果要由它本身的长势决定，并不是留果越多越好，也不是留果少了就一定会好，应科学合理地根据番茄植株的长势和茬口安排，确定所留穗数及每穗所留果数。

番茄的产量和质量并不取决于总体留果的多少，而是靠每穗合理留果来决定的。第一穗留果过多，使生殖生长大于营养生长，叶片制造的营养将供应不足，这样就会严重影响第二穗果以上果实的生长，但是要从第三穗果以上才能明显地表现出来。

一般来说，第一穗果往往营养供应充足，果实长得较大，但不宜留果过多，以留果 3 个为宜；从第二穗往上到第五穗各留 4 个果，这样既能使下部果实正常生长，又不至于影响上部果实的生长；第六穗果可以留 5 个，因为下部果实采摘时，第六穗果正处于膨果期，这样随着植株上番茄的减少，叶片制造的营养完全可以满足第六穗果的生长需要。

对秋延后番茄，如果要赶季节上市，一般来说第一穗可留 4 个果，第二穗留 5 个果，第三穗留 6 ～ 7 个果，共留三穗就行了，留果过多番茄的品质变差，也会影响茬口安排。但如果植株弱或比较旺盛，还应对留果的多少进行调整，不能千篇一律。

130. 番茄营养生长过旺易徒长（疯秧），要加强管理

问： 其他同期长得差的番茄已开花坐果了，这长得好的番茄却没看见几朵花和果实（图 3-29），是怎么回事呢？

图3-29　番茄徒长不结果现象

答： 这个番茄植株是长得太旺了，出现了徒长现象，即营养生长过旺，导致与生殖生长不协调，从而引起落花落果、坐不住果的现象，又叫疯秧现象。

这是由于番茄从定植缓苗后到第一穗果实坐住前，过早地追肥浇水，或氮肥施用过多，或浇水过多，加上盲目保温使夜间温度偏高等，

所诱发的植株徒长。另外，连续的阴雨天气造成土壤过湿，光照不足，以及定植过密或通风透气不良等，这些都是导致徒长的因素，多种因素叠加，徒长现象就更严重。

在生产上，徒长现象主要在于提前预防。如培育壮苗，严格控制在适宜苗龄内定植，如一般早熟番茄品种的苗龄宜 80 天左右，中晚熟品种宜在 90 ～ 100 天，秋番茄苗龄宜在 25 天左右。对大棚栽培的番茄，植株缓苗后，在保持一定温度下要大胆放风，降低棚内湿度；一开始开花坐果，就要揭开裙膜放底风，夜间外界最低温不低于 15℃时，昼夜都要通风；进入炎夏高温季节，可将塑料薄膜撤除，如同露地栽培。此外，要控制肥水，合理施用氮肥，控制氮肥用量，采用深沟高畦栽培，促进根系生长。浇足定植水（以浸湿苗坨及附近土壤即可）；浇好缓苗水后，控制浇水蹲苗，并中耕松土 5 次左右，深度在 3 ～ 5 厘米。如底肥水充足，一般在开花坐果前不要施肥水。在定植缓苗后，每隔 15 天左右用等量式波尔多液或 77% 氢氧化铜可湿性粉剂 500 ～ 700 倍液喷雾植株，能控制植株营养生长，提高植株抗病性。此外，应适时适量整枝打叶、搭架，使通风透气良好，并用对氯苯氧乙酸等生长调节剂喷花促进坐果。

生产上若出现徒长现象时，可对症采取控水或降温措施。或在绑蔓时，适当加大捆绑力度或适当推迟采收时间。樱桃番茄徒长的，在植株高 40 厘米左右时，将植株下部 20 ～ 30 厘米的茎蔓直接压倒，用土固定。或在用植物生长调节剂处理第三、第四穗花朵时，将上部 20 厘米的茎蔓弄弯或者压倒，可调节植株生长，使其保持同一高度，也便于管理。在秋冬茬徒长苗有 6 ～ 8 片真叶时，在主茎第一节间部位下（注意避开节痕），用 1 根铜丝（普通电线中的铜芯）对折绕茎秆一周并勒紧，随着主茎的生长，铜丝被埋入表皮内。

131. 秋延后番茄要防止降温时叶片出现叶脉斑驳黄化现象

问：（秋季）这段时间降温，大棚里的秋延后番茄中上部叶片突然出现叶脉间黄化的症状（图 3-30），不知是什么原因？有什么解决办法吗？

答：这种叶片叶脉间黄化的情况多发生在秋季气温降低后，番茄打头后情况会更加严重。最直接的原因都是叶绿素含量减少，即缺素。但是，单纯的补充营养元素对这种叶片黄化的改善效果并不理想。这是由于作物对营养元素的吸收以及吸收后的转化受到了影响，最终原因就是植物体内内源激素分泌失衡，这时即使土壤或者叶片补充的营养元素足够，植物能够吸收的也很少，吸收的那部分也很难合成叶绿素。

图3-30　秋延后番茄遇低温致叶片黄化斑驳现象

因此，针对这种现象应采取以下综合措施。一是要合理调控大棚内的温度，使夜温不能低于15℃，昼夜温差可以通过提高白天棚内温度来实现。二是叶面喷施海藻酸类叶面肥，能够有效调节作物内源激素分泌。三是浇水时随水补充作物容易吸收的小分子有机营养以及中微量元素，如选择氨基寡糖钙镁硼铁锌，氨基寡糖作为小分子有机物可以直接被作物吸收，吸收的同时能够将络合态的钙镁硼铁锌一同吸收到体内。

132. 大棚秋延后番茄要谨防激素型药害

问： 番茄整株出现叶片细化扭曲、叶片硬厚（图3-31）的情况，不知是什么原因？

答： 这应是激素型中毒现象，与近期的管理有关。大棚秋延后番茄进入初果期，如果控旺过度或点花不当，易出现激素中毒现象。因此，在管理中一定要做到以下几点。

一是控旺要轻。大棚秋延后番茄初果期，棚内温度依然较高，尤其是在夜温较高的情况下，蔬菜消耗的营养较多，植株很容易旺长，影响开花坐果。为了防止植株旺长影响坐果，不少菜农采取了喷施助壮素、矮壮素、多效唑等植物生长抑制剂的办法来调节植株的长势，但为了保证控旺效果，有的盲目加大了激素浓度或重复喷药，导致激素中毒，影

图3-31　番茄激素型药害

响了植株生长。有些番茄品种特别是樱桃番茄对植物生长抑制剂比较敏感，不同类型的品种对植物生长抑制剂的反应差别非常大。

随着后期天气转凉，昼夜温差不断加大，应利用好此环境条件，拉大昼夜温差，减少营养消耗，以控制旺长，而不要一味喷洒控旺药剂。同时，可通过合理留果来控制植株旺长，一般番茄第一穗果不要多于3个，留2个即可，第二穗果可留3个果，以后正常留果。通过合理留果，既能防止旺长，又能培育壮棵。

二是注意点花浓度和方式。番茄尤其是樱桃番茄因其花多需要多次进行保花保果的操作，若点花浓度过高或重复点花等，容易诱发植株上部的激素中毒现象。如果采用喷花方式保花保果，由于防护措施不够，造成番茄茎叶沾染点花药过多，将出现严重的激素中毒症状。

最好采用点花方式保花保果，用毛笔轻轻一抹就行。如果仍要采用喷花手段，建议改进。首先降低药液浓度，减少喷花用药量。一般来说，喷花所用药液浓度可以调整成点花药浓度的20% ~ 25%。其次只喷开放花朵，喷花上手上握一块海绵，遮挡多余的药液，以免喷到植株叶片上，造成严重的激素中毒。

对于已经发生激素中毒的植株，除了加强水肥管理增强植株长势外，还可以喷施爱多收、赤霉素、芸苔素内酯等生长促进剂予以缓解，同时配合喷施全营养叶面肥或氨基酸、甲壳素等叶面肥，可起到提头开叶的作用。浇水时，可随水冲施适量的养根性肥料，并补施生物菌肥，以增强根系吸收水肥的能力。

133. 番茄秆上长满了不定根，要查明原因及时防治

问： 番茄的茎秆上竟然长了许多的根（图3-32），这是怎么回事呢？

答： 番茄茎秆上长出了很多白根，密密麻麻，这可不见得是好事。番茄茎秆在温度适宜、湿度高的情况下，尤其是接触地面时，容易着生

不定根，这是番茄进行扦插育苗的基础。但茎秆上密密麻麻全是不定根的情况，往往可能是番茄根茎出现问题的表现，其原因主要有两个。

图3-32　番茄茎秆上长不定根现象

一是根系或茎秆受害，植株养分供应不足。如浇水过大沤根、肥大烧根、低温过低造成根系受伤，或茎秆被细菌性髓部坏死病为害等，使养分输送渠道不畅，茎叶养分供应严重不足，植株本身就会做出调整，促进茎秆等部位着生新的根系，以吸收更多的养分，满足蔬菜生长需要。

二是激素使用过多。如冲施肥中激素过量或喷药时激素使用过多，使植株体内激素紊乱，生长失调，使得茎秆上异常着生过多根系。

想要判定具体原因，菜农需要先观察棚内环境，判断是否出现根系受伤、茎秆发病等情况，如果都没有这些问题，再从激素使用方面考虑。根系受伤时，要注意冲施甲壳素、腐植酸、海藻酸以及生物菌肥等功能性肥料，改良土壤条件，促进新根生长，并提高其吸收能力。茎秆病害，要注意对症用药，如细菌性髓部坏死可以将茎秆劈开，用高浓度噻唑锌、中生菌素等涂抹病部，真菌性病害可以用代森锰锌、氟硅唑等涂抹病部。如果是激素使用方面的问题，则要注意减少激素含量较高的药剂或肥料使用，使植株体内激素平衡逐渐恢复。

134. 番茄生长后期要加强田间管理防止花脸果（转色不良）

问： 别人家的番茄通红通红的（图 3-33），而我家的番茄花花绿绿的（图 3-34），商品性不佳，不知是怎么回事?

答： 这种番茄现象叫转色不良，果实俗称花脸果。其发生的原因是营养供应失衡、光温管理不当、病虫害等因素，以营养失衡和温度管理不当为主要诱因。在生产中，肥料用量失衡，尤其是氮高、钾低，硼钙肥缺乏的情况下，过量的氮素会影响色素的生成，从而导致转色不良；在果实膨大完毕之后，番茄的茄红素开始生成，此时温度若不合适，则

图3-33　转色均匀的番茄果实

图3-34　转色不良的花脸果

转色将会大受影响，而茄红素生成的适宜温度在22～24℃之间，当白天棚温超过33℃时，番茄转色也将大受影响，从而出现花脸果。

要防止番茄花脸果的出现，主要是加强田间管理，提前做好预防。

一是合理施肥。建议底肥以有机肥为主，各种营养元素合理搭配。在结果期要降低氮肥的用量，肥水供应应合理，加强中上部叶片的养护。根据植株生长的状态，选择合适的叶面肥（如氨基酸、甲壳素等功能性叶面肥）交替喷洒。营养型叶面肥（如氮磷钾叶面肥）可弥补根系吸收养分的不足，满足上部果实膨果的养分需求。中微量元素叶面肥（如钙硼镁肥等）可提高果皮柔韧度，减少裂果和脐腐病等生理性病害的发生，使转色更均匀。如叶面喷施含氨基酸和硼、锌、镁的叶面肥，可5～7天喷1次，连喷2～3次。

二是搞好温度调节。在番茄果实发育期注意控制适宜的温度，可根据当天的光照情况适度加大通风量，遮阳网应根据温度和天气变化及时遮盖，避免强光、高温，使昼温在25～28℃，夜温在13～15℃。

三是疏叶要有度。给转色期的番茄疏叶时一定要掌握好度，只疏除果实下部的老叶、病叶、黄叶即可，千万不要全部疏除。

135. 番茄生长盛期要加强管理防止畸形果

问：番茄畸形，商品性不佳，请问有办法解决吗？

答：这些指突果（图3-35）、露籽果（图3-36）等都属畸形果，在番茄生产上是常见的生理病害之一。其可能的原因：或与品种有关；或开花时花芽分化不正常；或植株营养积累过多，使花畸形，并导致果畸形；或追肥浇水过多，茎叶生长过于旺盛等。

图3-35　番茄指突果

图3-36　番茄露籽果

一旦出现这种畸形果，要及时摘除，减少营养损失，同时加强肥水管理。

此外，以后要注意选用产量高、抗逆性强、对低温不敏感、不易产生畸形的优良品种。加强育苗期的肥水管理。水分及营养必须调节适宜，防止过干过湿、氮肥过多，特别是花芽分化期肥水不宜过多；适时适量浇水，做到干时不缺水，雨时不积水。使用生长调节剂时，浓度要适宜，不宜过低或过高。

136. 番茄空洞果的发生原因多，应加强管理进行预防

问：番茄看起来大，但很轻，有些果面还起棱（图3-37），在市场上销售的回头率低，请问是什么原因导致的？

答：这是番茄生产上常见的一种生理性病害——空洞果，无论是樱桃番茄还是大果型番茄都容易发生，多出现在结果后期，以在第三、第四穗果中发生较重。空洞果一旦发生，难以挽回，其发生的原因有品种原因、受精不良、植物生长调节剂蘸花用药浓度过大或重复蘸花、果实生长发育时温度过高、根系受伤、植株生长衰弱、摘叶过早或过度、后期浇水追肥不合理、遮光过度、叶部斑点病害多影响光合作用等诸多涉及田间管理的事项。因此，在生

图3-37　番茄空洞果

产中应加强田间管理，提早预防。

一是选用多心室或早熟小果型的品种。

二是控好温。苗期 2 ～ 4 片真叶展开期的温度不能连续低于 12℃，夜间温度控制在 17℃左右，可应用地热线或地热水加温育苗。开花期避免 35℃以上高温对受精的危害。结果期温度不宜过高，防止光照不足和白天温度过高。防止夜温过高，加强通风，拉大放风口，拉大昼夜温差，减少营养消耗，以避免出现空心。根据光照条件调控适宜的温度。如用新棚膜，白天温度为 28℃；如用旧棚膜，白天温度为 25℃。根据植株长势，确定每一花序上的留果数，适时整枝打顶。

三是正确蘸花用药。从第一花序的花 50% 以上开花时开始使用生长素蘸花，不要蘸花过早，蘸花 3 天后，如见子房开始膨大，说明果已坐住，应及时选留 3 ～ 4 个果，其余的花和果全部疏掉。

四是合理施肥。番茄进入开花坐果期后，要适当增加钾肥的用量，当番茄果实直径超过 3 厘米时，重点冲施钾肥，每亩冲施 10 ～ 15 千克。采收后期进行叶面喷肥，每亩用磷酸二氢钾 125 ～ 150 克，加尿素 250 ～ 300 克，兑水 50 千克喷叶，选晴天喷叶背面，每隔 10 天喷 1 次，连喷 3 ～ 4 次。

五是应合理摘叶，不过早或过多摘叶。

六是注重养根。养护根系应该贯穿于整个蔬菜生长期，可使用含氨基酸、甲壳素及生物菌的肥料冲施。

七是提前预防病虫害，合理用药。病虫害要早发现，早防治。日常管理中，要注意甲壳素、全营养叶面肥、芸苔素内酯等的使用，提高叶片酶活性，使光合效率更高。

八是遮光要适度。

九是合理留果，留果不要贪多，对于已经坐住但是发育不良的要及时摘除。

137. 番茄生长期加强肥水管理防止裂果（纹裂果）发生

问： 这一段时间雨水多，准备上市的番茄许多开裂了（图 3-38、图 3-39），是不是雨水太多造成的?

答： 番茄裂果确实与雨水过多有关。裂果为番茄生长期常见生理性病害之一，影响果实的商品价值，在生产上的表现主要有环状裂果、

图3-38　果皮薄的番茄条状裂果状

图3-39　番茄裂果现象

放射性裂果、条状裂果和细碎纹裂果等。

裂果与品种关系很大，果皮薄的易发生裂纹，同时也受栽培条件影响。在果实发育后期遇夏季高温、强光、干旱、暴雨、阵雨等，以及土壤水分突然变化，特别是与久旱突然遇雨或浇水有关。因久旱遇水，会使果肉与已经老化的果皮不能同步膨大而产生纹裂。冬季寒冷，大棚栽培棚内昼夜温差太大，也可导致裂果。偏施氮肥、土壤忽干忽湿、雨后积水、整株摘叶过度、温度调控不当的田块发生重。植株缺钙或缺硼发生重。果面有露水或供水不均，老化的果皮木栓层因吸水涨裂，会形成细碎纹裂。果实发生纹裂后易感染疫病，或被细菌侵染而腐烂。

由于番茄裂果现象不可逆转，因此在生产中要提前预见裂果现象的发生，并针对其可能的原因加强栽培管理尽早采取措施。

一是选择不易裂果的品种。一般果皮厚、圆形果和小型果不易裂果，大型果、扁圆形果易裂果，故应选用中小型果、高圆形果品种。在果实颜色上，一般红色果较粉色果抗裂，近年来引进的一些红色果实的国外品种抗裂性较好。罐藏品种比鲜食品种抗裂。

二是覆盖遮阳网。有条件的可采用遮阳网覆盖栽培，防止降雨造成土壤水分急剧增加和阳光强烈照射。推广间作，与高秆作物间作。

三是深耕土壤，多施有机肥，避免施氮肥过多，促进根系深扎，以缓冲土壤水分的剧烈变化。增施钙肥和硼肥等微肥，喷洒 0.5% 氯化钙溶液，或 2000 ~ 3000 毫克 / 升丁酰肼溶液，或 0.1% 硫酸锌溶液，提高植株的耐热性、抗裂果性。

四是适当浇水，保持土壤湿润，避免忽干忽湿，尽量不要大水漫灌，雨后及时做好清沟排水、降湿工作。

五是适当密植，合理整枝，摘心不宜太早。摘心时应在花穗上部保留 2 片叶，摘底叶不宜过狠，以防果实受强光照射。整枝操作时注意不要损伤花柱。

六是温室大棚避免水滴直接滴溅到果实上，特别是通风口处更应注意。冬季夜间注意保温，以防昼夜温差过大导致裂果。

少量发生裂果现象时，可对未发生裂果的采取补救措施，即在采收前 10 ～ 15 天喷洒 0.7% ～ 1% 氯化钙溶液。

138. 番茄倒春寒可喷施叶面肥和杀细菌性药剂

问：（现场）番茄下部的一些老叶出现许多变白的斑点，是什么原因？

答：主要是下部的一些老叶有这种症状（图 3-40），新出的叶片比较健康，且病斑上没有霉斑等物，这应该是苗期遇倒春寒造成的冷害所致，问题不大，且没有感染细菌性病害。一般情况下，发生冷害后建议用 0.5% 蔗糖 +0.2% ～ 0.3% 磷酸二氢钾 +50% 氯溴异氰尿酸可溶性粉剂 1000 倍液等叶面喷雾，以加强营养，调节生长，并防止感染细菌性病害。

图3-40　番茄冷害叶片

139. 番茄上市分级有标准

问：今年的番茄上市了，以前大的小的、好的坏的全混在一起，卖不上价，有人说可以把番茄分等级，好的去卖，差的自己做番茄酱，请问分级有哪些标准？

答：番茄作为商品是讲究分级的，大量生产时，有专门的分级机械。普通的大番茄和樱桃小番茄的分级标准是不一样的，可以参考行业推荐标准 NY/T 940—2006。

（1）普遍番茄（图 3-41）的等级标准如下。

商品性状基本要求：相同品种或外观相似品种；完好，无腐烂、变质；外观新鲜，清洁，无异物；无畸形果、裂果、空洞果；无虫及病虫导致的损伤；无冻害；无异味。

规格按直径大小（厘米）分为大（> 7）、中（5 ~ 7）、小（< 5）。

特级标准：外观一致，果形圆润无筋棱（具棱品种除外）；成熟适度、一致；色泽均匀，表皮光洁，果腔充实，果实坚实，富有弹性；无损伤、无裂口、无疤痕。

一级标准：外观基本一致，果形基本圆润，稍有变形；已成熟或稍欠熟，成熟度基本一致，色泽较均匀；表皮有轻微的缺陷，果腔充实，果实坚实，富有弹性；无损伤、无裂口、无疤痕。

二级标准：外观基本一致，果形基本圆润，稍有变形；稍欠成熟或稍过熟，色泽较均匀；果腔基本充实，果实较坚实，弹性稍差；有轻微损伤，无裂口，果皮有轻微的疤痕，但果实商品性未受影响。

（2）樱桃番茄（图 3-42）的等级标准如下。

商品性状基本要求：相同品种或外观相似品种；完好，无腐烂、变质；外观新鲜，清洁，无异物；无畸形果、裂果、空洞果；无虫及病虫导致的损伤；无冻害；无异味。

图3-41 普通番茄分级后整齐划一

图3-42 樱桃番茄分级

直径大小（厘米）：2 ~ 3。

特级标准：外观一致；成熟适度、一致；表皮光洁，果萼鲜绿，无损伤；果实坚实，富有弹性。

一级标准：外观基本一致；成熟适度、较一致；表皮光洁，果萼较鲜绿，无损伤；果实较坚实，富有弹性。

二级标准：外观基本一致，稍有变形；稍欠成熟或稍过熟；表皮光洁，果萼轻微萎蔫，无损伤；果实弹性稍差。

140.番茄分级后小心包装可提高销售品相

问：超市里的番茄包装得特别漂亮，卖的价格又高，值得果农学习，能指导一下如何进行包装吗？

答：“人靠衣装，马靠鞍”，番茄经过分级后，再进行预冷包装等环节，不但可以提升外观品质，还可以通过在上面贴标签等打造品牌，扩大销售，而且还可以增加保质期。

用于产品包装的容器（如塑料箱、纸箱等）应按产品的大小规格设计，同一规格应大小一致、整洁、干燥、牢固、透气、美观、无污染，内壁无尖突物，无虫蛀、腐烂、霉变等，纸箱无受潮、离层现象。

包装分运输包装和商品包装。运输包装工具有纸箱、竹筐（图 3-43）、板条箱、塑料筐等，运输包装工具在使用前应用 1% 漂白粉刷洗并晾干，然后才能将采来的果实小心码入包装工具内，每个包装工具都不可装满，最好只装总容量的 3/5。按产品的品种、规格分别包装，同一件包装内的产品需摆放整齐紧密。每批产品所用的包装、单位质量应一致，每件包装净含量不得超过 10 千克，误差不超过 2%。每一包装上应标明产品名称、产品的标准编号、商标、生产单位（或企业）名称、详细地址、产地、规格、净含量和包装日期等，标志上的字迹应清晰、完整、准确。

图3-43　竹篮装番茄（示意）

商品包装主要用于市场的商品净菜加工上，可在产地或在批发市场进行，采用塑料薄膜包装（图 3-44、图 3-45）。塑料包装透气性差，应打一些小孔，不要使用彩色塑料薄膜。无公害番茄在包装上注明产地、生产单位及品名。超市零售可用发泡塑料饭盒和无毒塑料薄膜包装。

图3-44　普通番茄用塑料薄膜包装可提高销售品相

图3-45　樱桃番茄用塑料薄膜包装可提高销售品相

第三节　番茄病虫害关键问题

141. 番茄生长期注意防治因根腐病伤根导致的缺素型黄叶

问： 番茄坐果了，但顶部叶片黄化（图 3-46），有的新叶白化，叶片小、皱缩，是不是病毒病？

答： 不是病毒病，是缺素型黄叶现象，是由于根腐病发生后根系变褐（图 3-47），吸肥困难所致。

从叶片上看，叶片出现黄化症状，表象是缺乏铁、锌等元素，实际是发生了根腐病，导致根系吸收铁、锌等元素的能力不足，从而使植株上部表现出缺素症状。

番茄根腐病是番茄的一种重要土传病害，随着规模化、集中连片种植，长期连作可导致病害逐年加重，特别是定植后期至结果初期发病严重，甚至可毁秧绝产。大棚番茄发病快，周期短，蔓延流行迅速，植株从发病到枯死 7 ~ 15 天，若防治不力，易暴发流行成灾，造成绝收。在

图3-46　番茄根腐病引起的叶片黄化　图3-47　番茄根腐病发病根茎

益阳市，大棚番茄一般5月中旬初见病株，6月上中旬为发病盛期。如果灌水迟、量少，高峰期可推迟20～30天，植株从发病到枯死7～15天。高温、高湿有利于病害的发生与流行。棚内温度在28～31℃，相对湿度达90%以上时极易发生流行。防治因根腐病伤根导致的缺素型黄叶，既要防病又要补肥。

一是药剂防病。幼苗出土7天后开始用多菌灵加代森锌或甲霜·锰锌等喷雾，轮换用药，每周1次，共2～3次。定植后30天内，定植时用50%多菌灵可湿性粉剂500倍液加80%代森锌可湿性粉剂500倍液作定根水灌根，7天后进行第二次灌根。随后在雨前和雨后用波尔多液进行地上部分保护，波尔多液配比为硫酸铜：生石灰：水＝1：1：200，施用波尔多液7～10天内不能喷代森锰锌。

当大田发现少数病株时，可把根茎部土壤扒开，刮除腐烂部分，然后涂上1：1：10的波尔多液或2%的硫酸铜，再填上干净的新土。刮下的病组织必须烧毁或填埋。

早期发病可选用58%甲霜·锰锌可湿性粉剂500倍液，或69%烯酰·锰锌可湿性粉剂600～800倍液，或72.2%霜霉威水剂600倍液等灌根。成株期发病用72%霜脲·锰锌可湿性粉剂400倍液等灌根，连续2～3次，每穴灌200～250毫升，间隔期7～10天。

采用药剂灌根防病时，可结合用甲壳素类、氨基酸类生根剂灌根或冲施，防病的同时促发新根。

另外，根腐病病菌随水传播，浇水时要将发病植株隔开，防止病菌侵染其他植株。对于发病死亡的植株应挖出来，用塑料袋将其包好带出田外，避免大面积蔓延。

二是叶面喷施含铁、锌的叶面肥。叶面喷施中微量元素肥料（如铁肥、锌肥等）配合细胞分裂素、芸苔素内酯等，能有效缓解叶片黄化现象。

三是预防病毒病。随着天气转暖，温度升高，在加强管理的同时，要及时喷洒氨基寡糖素、嘧肽霉素等防治病毒病的药剂，预防病毒病导致的黄头现象。

142. 秋延后番茄栽培谨防茎基腐病毁园

问： 番茄茎基部腐烂（图 3-48）是怎么回事？要怎么治？

答： 秋延后番茄茎基部腐烂应是近几年发生最严重的一种病害——茄病镰孢引起的茎基腐病。发病后番茄植株呈枯萎状，茎基部产生暗褐色至深褐色略凹陷斑，向上下及四周扩展，当扩展至绕茎 1 周时，出现枯萎状，与枯萎病相似，拔出根部未见异常。病菌会向植株茎基部或根部扩展蔓延。用小刀将病茎竖向切开，就会发现病茎内部组织已经出现褐色腐烂现象（图 3-49），茎部发病部位以上茎段的维束管同样会变成褐色。该病在高温高湿下容易发生，属土传病害，一旦发生

图3-48 番茄茎基腐病发病根茎

图3-49 番茄茎基腐病根茎剖开状

传播很快，特别是夏秋高温时采用大水漫灌，严重的可导致毁园。

防治该病，关键在于提前做好预防工作，一旦发生用药效果不佳。如不要将幼苗定植过深，定植过后不要过早覆盖地膜，可晚覆膜或者不覆膜。定植后要浇够定植水，这个阶段浇水量可以适当多一些。之后合理浇水，缓苗后浇一次少量的缓苗水，之后蹲苗促长，天气干燥时可以适当浇一些水，只要不让土壤出现干旱，持续保持湿润状态即可。

图3-50　番茄茎基腐病表现叶片变黄、茎基部坏死

若定植后发现下部叶片变黄（图 3-50），茎基部呈水渍状时，应马上扒开植株基部地膜和表土散湿。定植时最好用 72.2% 霜霉威水剂 700 倍液对穴盘苗进行蘸根后再栽。发病前，用 2.1% 丁子•香芹酚水剂 300 倍液，或 50% 烯酰吗啉可湿性粉剂 2000 倍液，或 20% 氟吗啉可湿性粉剂 1000 倍液等灌根。

143. 秋延后番茄大棚湿度大谨防灰霉病

问： 番茄叶片发霉（图 3-51），怎么办？

答： 番茄叶片上有大量的灰霉，这是灰霉病所致的。灰霉病除为害叶片外，还为害花、枝、果（图 3-52）等。灰霉病在湿度大的情况下易发生，一旦发生若不及时防治，严重的可导致毁棚。在初发生时，建议把发病果实、叶片等摘掉带出棚外，以防病原孢子飞散扩散。此外，要改善栽培措施，如采用双垄覆膜，膜下灌水、滴灌的栽培方式，以及移栽前施足基肥，移栽后地膜覆盖，以阻止土壤中病菌的传播。地膜覆盖在增加土温的同时可减少土壤水分蒸发，降低空气湿度。

发病后，应迅速用药进行防控。对于有机栽培，可每亩用 6% 井冈•蛇床素可湿性粉剂 60 克，兑水 45 千克喷雾；也可用 100 万孢子 / 克寡雄腐霉可湿性粉剂 1000 ～ 1500 倍液于初见病斑或连阴 2 天时开始喷药，7 ～ 10 天 1 次，连续防治 2 次；或用 2.1% 丁子•香芹酚水剂

图3-51　番茄灰霉病病叶

图3-52　番茄灰霉病病果

600 ~ 800 倍液、20% 银杏提取物可湿性粉剂 600 ~ 1000 倍液等喷雾；或每亩用 1000 亿孢子 / 克枯草芽孢杆菌可湿性粉剂 60 ~ 80 克，或 10 亿孢子 / 克木霉菌 25 ~ 50 克，兑水 45 千克喷雾。

化学防治，可选用 50% 嘧霉胺可湿性粉剂 1100 倍液，或 50% 腐霉利可湿性粉剂1000倍液，或50%乙烯菌核利可湿性粉剂1500倍液，或 45% 噻菌灵悬浮剂 3000 ~ 4000 倍液，或 50% 异菌脲可湿性粉剂 1000 倍液，或 65% 硫菌・霉威可湿性粉剂 1000 ~ 1500 倍液，或 43% 氟菌・肟菌酯悬浮剂 2500 ~ 3000 倍液，或 20% 吡噻菌胺悬浮剂 2000 ~ 3000 倍液，或 42.4% 唑醚・氟酰胺悬浮剂 3000 ~ 4000 倍液等喷雾，药剂要注意轮换或交替及混合施用。

大棚栽培，最好采用喷粉法，可选用超细 50% 腐霉利可湿性粉剂或 50% 异菌脲可湿性粉剂进行喷粉防治，傍晚喷粉后封闭棚室，次日早上开棚。

144. 大棚番茄栽培干燥条件下易发白粉病

问: 大棚番茄叶片上像撒了一层面粉一样，有好多的白点子，开始没在意，后期许多叶片转黄褐色（图 3-53、图 3-54），病得不轻，请问应怎样防治?

答: 这番茄发生了白粉病，该病在露地多发生于 6 ~ 7 月份或 9 ~ 10 月份，温室或塑料大棚则多见于 3 ~ 6 月份或 10 ~ 11 月份。除了为害叶片，还可侵染叶柄、茎以及果实。病害一旦发生，若不及时防控，发生发展特别快，严重时可导致提前拉秧。控制该病害要采取预防为主、防治结合的策略。

图3-53　番茄叶片上的白粉病粉斑

图3-54　番茄白粉病后期病斑连片致叶片枯黄

生物防治。可选用 2% 武夷菌素水剂 150 倍液，或 2% 嘧啶抗生素水剂 150 倍液，或 3% 多抗霉素水剂 1000 倍液，或 50% 硫黄悬浮剂 200 ～ 300 倍液等生物药剂喷雾防治。用 27% 高脂膜乳剂 100 倍液于发病初期喷洒在叶片上，可形成一层保护膜，不仅可防止白粉病菌侵入，还可造成缺氧使白粉病菌死亡，一般每隔 5 ～ 6 天喷 1 次，连续喷 3 ～ 4 次。

发病前或发病初期，可选用 62.25% 腈菌・锰锌可湿性粉剂 500 倍液，或 40% 氟硅唑乳油 8000 ～ 10000 倍液，或 70% 甲基硫菌灵可湿性粉剂 1000 倍液，或 10% 苯醚甲环唑水分散粒剂 1000 倍液，或 30% 氟菌唑可湿性粉剂 1500 ～ 2000 倍液，或 50% 醚菌酯水分散粒剂 1500 ～ 3000 倍液，或 30% 苯甲・丙环唑乳油 4000 倍液，或 25% 吡唑醚菌酯乳油 2000 ～ 3000 倍液，或 43% 氟菌・肟菌酯悬浮剂 2500 ～ 3000 倍液，或 300 克 / 升醚菌・啶酰菌悬浮剂 2000 ～ 3000 倍液，或 21% 唑醚・代森联水分散粒剂 1500 倍液等喷雾防治，隔 7 ～ 15 天喷 1 次，连续喷 2 ～ 3 次。

棚室可选用粉尘剂或烟雾法防治。可于傍晚喷撒 10% 多・百粉尘剂，每亩每次 1 千克。或于傍晚用 10% 多菌灵・百菌清烟剂熏蒸，每亩每次 1 千克。或施用 45% 百菌清烟剂 250 克，用暗火点燃熏一夜。

145. 番茄白绢病要从苗期就开始预防

问： 番茄植株萎蔫（图 3-55），茎秆上长不定根，茎基部有许多白色的绢丝状菌丝（图 3-56），请问是什么病，应如何防治？

图3-55　番茄白绢病植株萎蔫

图3-56　番茄白绢病茎基部的白色菌丝和菌核

答：这个问题问得很典型，抓住了番茄白绢病的几个发病基本特性。该病从苗期即可开始为害，但以结果期表现为重，常常是番茄树青果累累，下过一场雨，不经意间一看，竟然有许多植株已发病，该病属高温高湿型病害。南方六月、七月高温潮湿，菜地湿度大或栽植过密，行间通风透光不良，施用未充分腐熟的有机肥及连作地发病重。防治该病要采取综合措施，并提前预防。

一是加强管理。如与禾本科作物轮作 3 年以上，有条件的可进行水旱轮作 1 年，这是最省钱的方法。深翻土地，结合整地亩施消石灰 100 ~ 150 千克，提倡地膜覆盖栽培。施用充分腐熟的有机肥，合理施用氮素化肥，适当追施硫酸铵、硝酸钙或喷洒 1.4% 复硝酚钠水剂 6000 倍液。采用滴灌或膜下暗灌，加强棚内通风，控制棚内湿度。在菌核形成前，及时拔除病株，病穴喷洒 50% 代森铵水剂 400 倍液等杀菌剂，或用石灰消毒。

二是育苗床土消毒。每平方米床土用 50% 福美双或 50% 多菌灵可湿性粉剂 10 克与 0.5 千克细土混匀制成药土，播种时 1/3 药土垫底，2/3 药土盖种。

三是对有机蔬菜可以采用生物药剂预防。每亩用人工培养好的哈茨木霉 1 千克加细土 100 千克混匀后把菌土撒施在病株茎基部，每株施

50 克左右，效果好。也可用 5% 井冈霉素 A 可溶性粉剂 1000 倍液浇灌，每株灌兑好的药液 500 毫升，隔 7 天再灌 1 次。

四是无公害和绿色蔬菜可选用化学药剂防治。发病初期，可撒施或喷洒 50% 腐霉利可湿性粉剂 1000 倍液，或 50% 异菌脲可湿性粉剂 1000 倍液，或 50% 啶酰菌胺水分散粒剂 1500 ～ 2000 倍液，或 80% 多菌灵可湿性粉剂 600 倍液、50% 混杀硫或 36% 甲基硫菌灵悬浮剂 500 倍液、20% 三唑酮乳油 2000 倍液等，每亩施药液 60 ～ 70 升，隔 7 ～ 10 天一次，至控制病情止。

146. 南方种番茄谨防根结线虫病毁园

问：番茄树长不大，叶片发黄，总以为是缺肥，然而缺水时整株萎蔫，又以为是缺水，肥也施了，水也浇了，还是没改变，拔出来一看，根部结了许多的疙瘩（图 3-57），请问是什么病，应如何防治？

答：从描述和图 3-57 看，番茄得了根结线虫病，这是一种较麻烦的土传病害，一旦发生若不及时控制，严重的损失可达 60% ～ 70%，甚至绝收。此外，该病除为害番茄外，还能为害茄子、黄瓜、莴苣、菜豆、芹菜、辣椒、甘蓝、大白菜等，导致下茬这些作物都不能种植。生产上一旦发现根结线虫病，要采取综合的防治措施。

一是与禾本科作物进行 2 ～ 3 年轮作，最好进行水旱轮作，这是花钱最少的方法。选用抗根结线虫病的品种效果也较佳（图 3-58）。

图3-57　番茄根结线虫病病株

图3-58　选用抗线虫品种的效果对比

二是罢园后高温杀虫或高温闷棚。在休闲季节利用夏季高温，在盛夏挖沟起垄，沟内灌满水，然后盖地膜密闭棚室 2 周，使 30 厘米内土层温度达 54℃，保持 40 分钟以上。或前茬作物清园后，结合翻耕每亩用 10% 阿维菌素悬浮剂 1000 ～ 1500 毫升兑水 60 ～ 75 千克均匀喷洒，或撒施 1.8% 根线散（阿维菌素）微胶囊缓施颗粒 1 ～ 2 千克精耕细耙，利用高温季节的晴好天气密闭棚膜 7 ～ 10 天，可有效防止根结线虫病对棚内蔬菜的为害。

三是有条件的采用氰氨化钙消毒。6 月中旬至 7 月下旬温室、塑料大棚内前茬作物收完后，立刻挖除根茬烧毁，每亩用氰氨化钙 50 ～ 100 千克均匀撒在土壤表面，再撒 4 ～ 6 厘米长的碎麦秸 600 ～ 1300 千克，翻地或旋耕深 20 厘米以上，起垄，垄高 30 厘米、宽 40 ～ 60 厘米，垄间距 40 ～ 50 厘米。覆地膜，四周用土封严。膜下垄沟灌水至垄肩部（每平方米灌水 100 ～ 150 千克）。要求 20 厘米土层温度达 40℃，维持 7 天，或 37℃维持 20 天，如遇阴雨天适当延长覆膜时间，揭膜后翻地使凉透。

四是有机蔬菜采用生物防治。

淡紫拟青霉菌：先在苗床上撒 2 亿活孢子 / 克淡紫拟青霉粉剂 4 ～ 5 克，混土层厚度 10 ～ 15 厘米；定植时把粉剂每亩 2.5 ～ 3 千克撒在定植沟内，使其均匀分布在根附近，然后定植。

厚孢轮枝菌：每平方米苗床用 2.5 亿个孢子 / 克厚孢轮枝菌微粒剂 3 ～ 4 克混土均匀，然后育苗。也可把微粒剂每亩 2 ～ 2.5 千克均匀撒在定植沟内，施药后覆土浇水。

五是土壤处理。在温室休闲季节，每亩施入生石灰 60 ～ 70 千克，连续保水 20 天左右，可收到较好的防治效果。也可在播种或定植前 15 天，用 10% 噻唑磷颗粒剂或 1.1% 苦参碱粉剂等药剂均匀撒施后耕翻入土，每亩用药 3 ～ 5 千克。还可在定植行中间开沟条施或沟施，每亩施入上述药剂 2 ～ 3.5 千克，覆土踏实。如果穴施，则每亩用上述药剂 1 ～ 2 千克，施药拌土。

六是药剂灌根。定植后，在棚室内植株局部受害时，可选用 1.8% 阿维菌素乳油 2000 倍液灌根；或每亩用 5% 噻唑磷颗粒剂 2.5 千克、0.3% 印楝素乳油 100 毫升、0.15% 阿维·印楝素颗粒剂 4 千克，用湿细土拌匀后撒施于垄上沟内，盖土后移栽。

用药灌根时要严格控制用药量和灌根时机，以浇水前 2 天用药为好，以免加重萎蔫现象。

147. 番茄结果初期要谨防早疫病为害叶片

问：番茄没结果前植株长得很好，现在番茄结了好多，可病害发生得特别快，叶片上有许多的大黑斑（图 3-59、图 3-60），上生黑霉，发展起来特别快，有特效药吗？

图3-59　番茄早疫病田间发病病叶

图3-60　早疫病发病后期症状

答：这是番茄早疫病，该病又称夏疫病、轮纹病等，为番茄上常见病害之一，严重时可引起黑叶、黑秆、落叶、落果和断枝。

多在结果初期发生，结果中期为害严重。大田一般在 4 月上中旬开始发病，5 月上中旬病害呈缓慢上升态势，病害发生盛期为 5 月上旬，5 月中旬末达流行高峰期，5 月下旬至 6 月上旬初病害流行缓慢。

早疫病用药防治要早，发病后用药效果不理想。在生产上，要加强田间管理，调整好棚内温、湿度，尤其是定植初期，闷棚时间不宜过长，防止棚内湿度过大、温度过高，以减缓该病发生蔓延。在病害流行期要适当控水，避免因田间积水徒增田间相对湿度。均衡施肥，特别要控制好氮肥的用量。种植期间应合理整枝打杈，疏花疏果。发病病叶、病果或病株应及时拔除销毁。

发病前先用 1000 倍的高锰酸钾喷施一遍。也可每亩用 25% 嘧菌酯悬浮剂 24 ～ 32 毫升，或 10% 苯醚甲环唑水分散粒剂 50 ～ 70 克，或 68.75% 噁酮•锰锌水分散粒剂 75 ～ 95 克，加水 75 千克均匀喷雾，隔 7 ～ 10 天喷 1 次，连喷 2 ～ 3 次。

早疫病以防为主，田间初现病株立即喷药，可选用 50% 异菌脲可湿性粉剂 1000 ～ 1500 倍液，或 47% 春雷 • 王铜可湿性粉剂 800 ～ 1000 倍液，或 58% 甲霜 • 锰锌可湿性粉剂 500 倍液，或 64% 噁霜灵可湿性粉剂1500倍液，或60%唑醚·代森锌水分散粒剂1000～1500倍液，或560克/升嘧菌·百菌清悬浮剂800～1200倍液，或10%苯醚甲环唑水分散粒剂700～1000倍液，或50%啶酰菌胺水分散粒剂2500～3000倍液，或31%噁酮·氟噻唑悬浮剂2000～2500倍液，或35%氟菌·戊唑醇悬浮剂2500～3000倍液，或43%氟菌·肟菌酯悬浮剂3000～4500倍液，或60%唑醚·代森联水分散粒剂1200～1800倍液，或11.7%苯醚甲环唑·氟唑菌酰胺悬浮剂800～1500倍液，或30%醚菌酯悬浮剂40～60克/亩等喷雾，共喷2～3次，田间用药应注意轮换使用不同类型的药剂，以减缓病原菌抗药性的产生。

148. 多雨季节番茄要谨防晚疫病

问：（现场）大棚里的番茄叶片全部出现叶尖或叶缘向内呈烫伤的斑块（图3-61～图3-63），很严重，有好药吗？

答：这是番茄晚疫病，该病为害果实时，出现典型的酱油状大斑（图3-64），若没有及时防治，已经大发生，要控制难度较大。该病与前段时间雨水多有关，高温多雨，病原菌随雨水传播易迅速扩展蔓延。大棚里的湿度大，加上没有及早用药，导致该病大发生。

防治该病要提前进行预防，特别是遇到后期有连阴雨的天气，要严格控制棚内湿度，防止适宜病菌的温湿度环境出现。适当控制浇水，一般雨前不浇水，土壤特别干时可以浇小水，避免棚室湿度较高，病菌感染植株。此外，植株长势弱也容易发病，因此浇水时可适当施一些功能

图3-61　番茄晚疫病大棚内大发生状

图3-62　番茄晚疫病叶片发病初期水渍状病斑

图3-63　番茄晚疫病叶背现白色霉层

图3-64　番茄晚疫病发病果呈现酱油状大斑

性肥料，例如微生物菌类、海藻酸类、甲壳素类等肥料，以提高植株长势及抗病能力。实行滴灌或膜下暗灌技术，不要大水漫灌，浇水应选在晴天上午进行，浇后要及时放风排湿，阴雨天也不例外，以降低棚内湿度。棚内湿度高时，应根据实际情况尽量早通风，勤通风，以最大程度地降低棚内的湿度。

少量的病叶最好人工摘除。药剂防治，可选用 69% 烯酰・锰锌可湿性粉剂 600 ～ 800 倍液，或 72% 霜脲・锰锌可湿性粉剂 600 倍液，或 560 克 / 升嘧菌•百菌清悬浮剂 2000 ～ 3000 倍液，或 60% 唑醚•代森联水分散粒剂 1000 ～ 2000 倍液，或 52.5% 噁酮・霜脲氰水分散粒剂 1500 ～ 2000 倍液，或 32.5% 苯甲・嘧菌酯悬浮剂 1000 倍液，或 30% 氟吡・氰霜唑悬浮剂 2400 ～ 3000 倍液，或 53% 烯酰・代森联水分散粒剂 300 ～ 360 倍液，或 47% 烯酰・唑嘧菌悬浮剂 1000 倍液，或 450 克 / 升咪唑菌酮・霜霉威悬浮剂 600 ～ 1200 倍液，或 480 克 / 升氰霜唑・百菌清悬浮剂 800 ～ 1333 倍液等喷雾防治。晚疫病发生重时，应选用复混剂，如 68% 精甲霜・锰锌水分散粒剂 500 倍液 +25% 吡唑醚菌酯乳油 1500 倍液，或 52.5% 噁酮・霜脲氰水分散粒剂 1000 倍液 +50% 烯酰吗啉可湿性粉剂 800 倍液等。田间应用表明，用 68.75% 氟吡・霜霉威悬浮剂 600 倍液或 72.2% 霜霉威水剂 600 倍液分别加 70% 丙森锌可湿性粉剂 600 倍液等轮换使用，防治番茄晚疫病效益尤佳。晚疫病易产生抗药性，要注意交替轮换用药，5 ～ 6 天喷 1 次，连续用药 2 ～ 3 次，收获前 7 天停止施药。

局部发生可采用涂抹法，多用于叶柄和茎秆受侵染发病，当叶柄和茎秆感病时可选用 72% 霜脲•锰锌可湿性粉剂 150 倍液或 58% 甲霜•锰锌可湿性粉剂150倍液涂抹发病部位。该法的药剂直接作用于发病部位和病原菌，可最大程度降低初始菌量，减轻为害。

大棚栽培，建议烟熏或喷粉。可施用45%百菌清烟剂，每亩每次200～250克，傍晚将药分放于5～7个燃放点，点燃后封闭棚室烟熏过夜。或喷撒5%百菌清粉尘剂或5%霜霉威粉尘剂，每亩每次1千克，隔9天1次。烟剂和粉尘，一般在傍晚使用效果好，避免在阳光下施药。

149.番茄斑萎病毒病要从苗期起早预防

问： 番茄叶片上卷，果实上有褐色斑，不知是什么病害，请问应怎么治？

答： 从图3-65～图3-67看，叶片略上卷，有小黑斑（图3-65），青果上病斑呈褐色坏死环斑（图3-66、图3-67），符合番茄斑萎病毒病的基本特征。已经发病的无药可治，应及时拔除，运出田外销毁。对未显症的，建议防虫和防病一起进行，要在梅雨季前用药防治蓟马，隔10天左右1次，消灭传毒昆虫。如定期使用50亿孢子/克球孢白僵菌悬浮剂1000～1500倍液进行预防；发现蓟马后可选用50%呋虫胺可湿性粉剂2000～3000倍液，或60克/升乙基多杀菌素悬浮剂6000倍液，或10%溴氰虫酰胺悬浮剂1000～1500倍液等喷雾防治，每隔7天喷1次，喷2～3次。

同时，选用30%盐酸吗啉胍可溶性粉剂900倍液，或1%香菇多糖水剂80～120毫升/亩兑水30～60千克，均匀喷雾。还可用20%吗啉胍·乙铜可溶性粉剂300～500倍液、30%毒氟·吗啉胍可湿性粉剂1000～1500倍液、8%宁南霉素水剂800～1000倍液、6%寡糖·链蛋白可湿性粉剂750～1000倍液等喷雾，在上述防治病毒病药剂中加入0.004%芸苔素内酯水剂1500～2000倍液喷雾，效果更佳。

图3-65　番茄斑萎病毒病病叶

图3-66　番茄斑萎病毒病病果上的坏死斑

图3-67　番茄斑萎病毒病病果上的坏死环斑

150. 番茄高温高湿期谨防叶霉病

问： 番茄下面的叶子卷起，上面的没卷，卷叶上面都有褪绿的圆点，平叶上面无，是怎么回事?

答： 这是番茄叶霉病（图 3-68 ~图 3-70），属高温高湿病害，为近年来番茄发生最为严重的一种真菌性病害。在叶片上发病，往往是从病株的中、下部开始，逐渐向上部的叶片扩展。叶片背面有不规则形或椭圆形淡黄色褪绿斑，病部初生白色霉层，后变为紫灰色至黑色致密的绒毛状霉层。叶片正面有椭圆形或不规则形淡黄色褪绿斑，四周具黄晕，高湿条件下可长出黑霉。

图3-68　番茄叶霉病叶片卷缩，从下向上逐渐发展

图3-69 番茄叶霉病发病叶正面

图3-70 番茄叶霉病叶背典型病斑

防治该病，除了加强田间管理（如合理密植，加强肥水管理，加强整枝打杈等）外，预防应该从育苗期开始，每间隔10天左右喷施一次预防性的药剂。番茄的第一至第二穗花坐果期应重点预防，每间隔7天喷施一次药剂，如百菌清。

一旦发现病害，于发病初期及时选用60%咪鲜胺可湿性粉剂800倍液，或60%噻菌灵可湿性粉剂700～800倍液，或10%多抗霉素可湿性粉剂600～800倍液，或6%春雷霉素水剂1200～1500倍液，或10%氟硅唑水乳剂1500～2000倍液，或30%苯甲·丙环唑乳油3000倍液，或32.5%苯甲·嘧菌酯悬浮剂1500倍液，或25%嘧菌酯悬浮剂1000～2000倍液，或400克/升氟菌·戊唑醇悬浮剂1500～2500倍液，或42.5%唑醚•氟酰胺悬浮剂3000～6000倍液，或12%苯甲·氟酰胺悬浮剂1200～2000倍液，或43%氟菌·肟菌酯悬浮剂2500～3500倍液等喷雾，防治时每亩用药液量50～65升，隔7～10天喷一次，连续防治2～3次。

151.连续阴雨天番茄谨防灰叶斑病

问： 番茄叶片突然全部变黄，叶面上有许多的芝麻斑点，这是早疫病吗？

答： 不是，这是番茄灰叶斑病（图3-71），病斑周围一般具黄色晕圈，有的病斑上具有同心轮纹，跟早疫病相近，但灰叶病病斑要小、圆（图3-72），且分布均匀，枝梗上也有圆形小病斑（图3-73）。该病也不同于细菌性斑点病（为害叶片时，形成深褐色至黑色不规则斑点，病斑发展到后期是不易穿孔的）。目前该病在个别地方已由次要病

图3-71　番茄灰叶斑病田间发病状

害上升为主要病害。

该病之所以大发生，一是近期环境适宜，高温高湿；二是可能与品种的抗性有关。一般在有连续2～3个阴雨天后，该病会大面积暴发流行，一旦发生难以控制，因此应以预防为主。在生产上，应控制温、湿度，温度控制在20℃以下，相对湿度控制在60%以下，适时放风除湿，并且应防止早晨棚室内发生滴水现象。

关注天气预报，在阴雨天气来临前提前预防。可选用20%噻菌铜悬浮剂500倍液，或57.6%氢氧化铜粉剂1000倍液，或75%百菌清可湿性粉剂600倍液，或80%代森锰锌可湿性粉剂600倍液，或70%代森联干悬浮剂600～800倍液等保护性杀菌剂。

图3-72　番茄灰叶斑病小斑型灰叶斑病发病表现

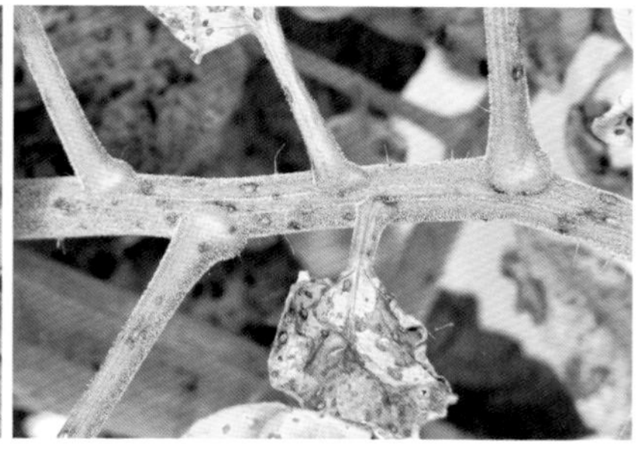

图3-73　番茄灰叶斑病枝条上的病斑

应经常巡视田间，不能一周都不到田间一次，若发现病斑应及时用药，可选用10%苯醚甲环唑水分散粒剂1500倍液，或25%嘧菌酯悬浮剂1500倍液，或12.5%腈菌唑乳油2500倍液，或42.8%氟菌·肟菌酯悬浮剂3000倍液，或75%肟菌·戊唑醇水分散粒剂4500～6000倍液，或12%苯甲·氟酰胺悬浮剂1500～2000倍液，或 50% 醚菌酯水分散粒剂 4000 倍液，或 52.5% 噁酮・霜脲氰水分散粒剂 1500 ~ 1800 倍液，或 68.75% 噁酮•锰锌水分散粒剂 1300 倍液，或 47% 春雷・王铜可湿性粉剂 700 倍液等喷雾防治。7 ~ 10 天 1 次，连防 2 ~ 3 次。

152. 早春番茄青果期注意防治细菌性髓部坏死病

问： 番茄每年到了结果期就发瘟，上部叶片萎蔫，不知是怎么回事?

答： 这番茄得了细菌性髓部坏死病（图 3-74），初看很像是青枯病，细看下部可发现茎坏死，病茎表面有褐色至黑褐色斑（图 3-75），有些在茎中部或分枝上（图 3-76）发生。剖开病茎，可见髓部变成黑色或出现坏死，维管束变褐（图 3-77），把病茎置于清水中可见白色

图3-74　番茄细菌性髓部坏死病田间发病状

图3-75　番茄细菌性髓部坏死病茎部表现

图3-76　番茄细菌性髓部坏死病植株茎秆断面

图3-77　番茄细菌性髓部坏死病茎部剖开状

菌脓涌出。在髓部发生病变的对应茎秆上生有很多突起的不定根，这些都是细菌性髓部坏死病的特征，应结合起来综合判断。

该病属细菌性病害，其发生原因除了近期的高湿环境外，也与整枝打杈时留下的伤口多有关。一旦发生，发展迅速，根治较困难，要采取综合措施防治。因此，要注意在晴天整枝打杈，以利于伤口及时愈合，打杈后要用防细菌性病害的药喷雾一次。要做好田间的开沟排水工作，排除湿气。发现病株，要拔除并运到田外销毁。

对未表现症状的，可用药灌根防治。如果选择的药物不合理，药液难以达到发病部位，防治效果差。铜制剂对细菌有特效，但内吸性差，发病后难以直接到达发病部分，因此应选择内吸性强的中生菌素等抗生素类以及叶枯唑等药剂。如可选用 2% 中生菌素水剂 1000 ～ 1500 倍液，或 78% 波尔·锰锌可湿性粉剂 600 倍液，或 85% 三氯异氰尿酸可溶性粉剂 1500 倍液等喷雾防治，隔 7 天喷 1 次，连续喷 3 ～ 4 次。

也可用药剂注射治疗，如使用注射器将 0.3% 四霉素水剂 600 ～ 800 倍液，或 20% 叶枯唑可湿性粉剂 30 克 +33.5% 喹啉铜悬浮剂 20 克 +20% 春雷霉素水剂 20 毫升 + 有机硅从病部上方注射到植株体内进行治疗。

153. 番茄结果期谨防细菌性溃疡病

问： 番茄刚结果不久，植株就萎蔫（图 3-78），有的茎秆、枝条上出现溃疡状灰白色至灰褐色狭长条形枯斑（图 3-79、图 3-80），这种情况一旦发生就没救了，往年经常发生，是不是土壤的原因？

答： 是与土壤有关，这是番茄的土传病害，为细菌性溃疡病，又称萎蔫病、溃疡病，典型特征是病果上有鸟眼斑（图 3-81）。番茄溃疡病是毁灭性病害，反季节番茄发病较迟，7 ～ 8 月份为发病高峰期。幼苗至结果期均可发生，特别是在番茄生长中后期发病，出现中心病株后，数日内病情迅速蔓延。叶片发病严重时，可导致整个叶片黄化，在田间表现为似“火烧状”。果实表现为有鸟眼斑。一旦发病较难防治，目前该病只能预防，没有特效化学药剂。

对于经常发生的地块，应在夏天高温季节进行闷棚处理，对大棚中的土壤灌足水后覆盖聚乙烯膜，日晒 4 ～ 6 周，能有效降低田间菌量，可使番茄溃疡病的发病率降低 72%；也可选用威百亩在定植前 1 个月对土壤进行熏蒸处理，也可起到良好的预防效果；还可每亩用硫酸铜

图3-78　番茄溃疡病田间发病状

图3-79　番茄溃疡病茎秆上的黄褐色条斑

图3-80　番茄溃疡病枝条上的黑褐色长条斑

图3-81　番茄细菌性溃疡病果面上的鸟眼斑

500 倍液约 1 千克或 40% 甲醛 20 升，兑水 30 ～ 40 吨消毒。

对有机蔬菜，可提前用药剂进行灌根，如每亩用 M_{22} 枯草芽孢杆菌 500 克、荧光假单胞杆菌 500 ～ 670 克灌根。或用 50 亿菌落形成单位 / 克多黏类芽孢杆菌可湿性粉剂 1000 ～ 1500 倍液灌根，每株灌 200 毫升。

定植水和缓苗水分别灌 2 次埯水（即向栽苗后的埯中浇水），第一次用普通水，第二次用 0.5% 青枯立克（小檗碱）水剂 300 倍液灌根。

发病前预防，可选用 88% 水合霉素可溶性粉剂 1500 ～ 2000 倍液，或 20 亿孢子 / 克蜡质芽孢杆菌可湿性粉剂 800 倍液，或 3% 中生菌素可湿性粉剂 600 ～ 800 倍液，或 3% 春雷素 • 多黏菌悬浮剂 800 ～ 1200 倍液，或 78% 波尔·锰锌可湿性粉剂 500 倍液，或 10% 苯醚甲环唑水分散粒剂 2000 倍液，或 20% 叶枯唑可湿性粉剂 600 ～ 800 倍液，或 30% 琥胶肥酸铜可湿性粉剂 300 ～ 500 倍液，或 50% 氯溴异氰尿酸可溶性粉剂 1500 ～ 2000 倍液，或 36% 三氯异氰尿酸可湿性粉剂 1000 ～ 1500 倍液，或 77% 氢氧化铜可湿性粉剂 500 倍液，或 47% 春雷·王铜可湿性粉剂 800 倍液等药剂交替喷雾预防，7 ～ 10 天 1 次，连施 3 ～ 4 次。中心发病区，可用上述药剂灌根。

发病初期，可使用中生菌素可湿性粉剂 600 倍液 50 毫升 + 有机硅 1 袋兑水 15 千克，于 14:00 以后用药，3 天用药 1 次，连用 2 次，即可控制病情。

154. 多雨季节谨防番茄细菌性斑疹病毁园

问：（现场）这一块的番茄几乎“全军覆没”了（图 3-82），植株从下到上叶片上都布满了密密麻麻的病斑（图 3-83），茎秆上也是（图 3-84），番茄果实长不大，有些植株蔫了，是什么原因？

图3-82　番茄细菌性斑疹病田间发病状

答：叶片上的病斑呈水渍状小圆点状，斑周围有黄色晕圈，茎秆上也有许多小而密集的圆形小斑，这是番茄细菌性斑疹病的典型症状。在雨季发生发展传播特别快，加上雨天又不宜用药，导致越来越重。该病常在 5 ～ 6 月份多雨、7 月份田间郁闭且湿度大的时期严重发生。

防治该病，除了加强管理外，要注意天气预报，在雨前提前用药。

图3-83　番茄细菌性斑疹病叶片发病状

图3-84　番茄细菌性斑疹病茎秆上的病斑

雨水多的地方，雨季来临前最好不要浇水，每次浇水后或下雨后要及时排水。在干旱地区采用滴灌或沟灌，避免喷灌和漫灌。下雨多的地方前期少浇水或不浇水，以防止枝叶过于茂盛。每次浇水要适量，切忌过多。沟灌地一定要整平，否则浇水时水从垄上漫延，甚至淹没植株，会给病菌繁殖生长创造条件。

发病初期防治前应先清除掉病叶、病茎及病果，然后再喷药。如保护地番茄发生过此病，在采收后每亩用2～3千克硫黄熏烟。叶面喷施甲壳素、海藻酸、氨基酸等叶面肥，以保护叶片，提高其抗逆性。

有机种植，应在发病前使用5亿菌落形成单位/克多黏类芽孢杆菌KN-03悬浮剂400～600倍液或80亿芽孢/克甲基营养型芽孢杆菌LW-6可湿性粉剂800～1200倍液进行预防。

雨前或在发病之前或初期进行喷药预防，可选用77%氢氧化铜可湿性粉剂400～500倍液，或20%噻菌铜悬浮剂1000～1500倍液，或14%络氨铜水剂300倍液，或50%琥胶肥酸铜可湿性粉剂500倍液，或20%噻菌灵悬浮剂500倍液，或88%水合霉素可溶性粉剂1500～2000倍液，或3%中生菌素可湿性粉剂600～800倍液，或2%春雷霉素液剂400～500倍液喷雾。

对已经染病的植株，应先去除病灶，如将发病叶柄、幼果摘除，同时选用10%苯醚甲环唑微乳剂600倍液，或23%氢铜·霜脲可湿性粉剂800倍液，或20%噻唑锌悬浮剂400～500倍液等喷雾，每隔10天喷1次，连续1～2次。药物之间最好不要混配，与其他农药混配时也要慎重。若遇雨季，雨过天晴后要及时喷施。药剂防治时宜早不宜迟，以防为主，无病先防。

也可选用配方药，如 32.5% 苯甲•嘧菌酯悬浮剂 1500 倍液 +27.12% 碱式硫酸铜可湿性粉剂 500 倍液，或 20% 丁子 • 香芹酚水剂 25 毫升 + 2% 春雷霉素水剂 25 ～ 30 毫升 +50% 氯溴异氰尿酸可溶粉剂 20 ～ 30 克等喷雾防治。

155. 夏季高温高湿谨防番茄假尾孢煤霉病暴发

问： 番茄从上到下叶片上生有淡黄绿色近圆形或长圆形淡褐色至褐色病斑，病斑上有褐色绒毛状霉，对产量有影响吗？

答： 影响是肯定的。番茄叶片大都开始变黄枯萎（图 3-85 ～图 3-87），可能导致番茄提早罢园。这种病害叫番茄煤霉病，又叫假尾孢煤霉病，跟豇豆的煤霉病差不多，属高温高湿型病害。

图3-85　番茄煤霉病叶片正面大量的边缘明显的黄褐色病斑

图3-86　番茄煤霉病发病后期可见褐色霉层

图3-87
番茄煤霉病发病严重时致病叶发黄枯萎

在生产上，要采用高畦深沟并整平畦面以利于雨季排水；施优质的有机底肥，增施磷钾肥，以增强植株抗性；及时整枝绑架，以利于通风透光降湿。大棚栽培，要调节好棚室中的温度和湿度，注意通风。露地选择通风、远离保护地的田块，采取高畦栽培。

生物防治，可用含有 0.5 亿芽孢 / 毫升的 BAB-1 枯草芽孢杆菌菌株发酵液桶混液喷洒。

化学防治，可选用 50% 甲基硫菌灵可湿性粉剂 500 倍液，或 10% 苯醚甲环唑水分散粒剂 600 倍液，或 32.5% 苯甲·嘧菌酯悬浮剂 1500 倍液，或 30% 苯甲·丙环唑乳油 2000 倍液，或 50% 氯溴异氰尿酸可溶性粉剂 1000 倍液，或 40% 氟硅唑乳油 4000 倍液，或 77% 氢氧化铜可湿性粉剂 1000 倍液，或 50% 腐霉利可湿性粉剂 1000 倍液，或 30% 氧氯化铜悬浮剂 500 倍液等喷雾，隔 10 天喷 1 次，连续喷 2 ~ 3 次。

156. 夏季高温多雨季节谨防番茄青枯病毁园

问： 番茄差不多成熟了，植株却全株萎蔫（图 3-88），不知是什么原因，用什么药好？

图3-88　番茄青枯病大田表现为全株失水萎蔫

答： 这是番茄青枯病，通过与农户进一步交流，纵剖茎基部发现木质部已变褐（图 3-89），此外该病还可结合其他特征进行确诊，如茎中下部产生许多不定根或不定芽。横切病茎，用手挤压，切面上维管束溢出少量乳白色黏液，截取维管束变褐部分浸于清水杯中，稍置片刻，可看到大量的浑浊菌脓溢出。

有机防治，应搞好预防，分别在移栽缓苗后和花期灌根，用 50 亿菌

图3-89　番茄青枯病表现为茎基部的木质部褐变

落形成单位/克多黏类芽孢杆菌可湿性粉剂1000～1500倍液。或用10亿菌落形成单位/克海洋芽孢杆菌可湿性粉剂，于番茄苗床浇泼，用量60克/亩，移栽当天灌根用量240～300克/亩，开花期灌根用量260～320克/亩。或用1×10^9菌落形成单位/毫升荧光假单胞杆菌水剂100～300倍液、1×10^9菌落形成单位/克枯草芽孢杆菌可湿性粉剂600倍液、200亿孢子/克解淀粉芽孢杆菌可湿性粉剂300～600倍液等灌根。

对已全株萎蔫的植株，只能拔除，且在病穴撒石灰乳防止病菌扩散。对周围植株或未表现症状的，可选用3%中生菌素可溶性粉剂600～800倍液喷雾；或选用50%琥・乙膦铝可湿性粉剂400倍液、86.2%氧化亚铜可湿性粉剂1500倍液、10%苯醚甲环唑水分散粒剂2000倍液、20%噻菌铜悬浮剂600倍液、80%波尔・锰锌可湿性粉剂500～600倍液、50%氯溴异氰尿酸可溶性粉剂1000倍液、25%络氨铜水剂500倍液、77%氢氧化铜可湿性微粒剂400～500倍液、50%琥胶肥酸铜可湿性粉剂400倍液、88%水合霉素可溶性粉剂500倍液等灌根，每株灌配制好的药液300～500毫升，每隔10～15天灌1次，连灌2～3次，注意交替用药。

157. 番茄脐腐病要早些预防

问：番茄屁股上一圈都是黑的（图3-90），这是什么原因造成的？

答：这是番茄脐腐病，俗称黑膏药、贴膏药，普通大果型番茄和樱桃小番茄（图3-91）均易发生，属生理性病害，为难以防治的世界性难题。一旦发生，只能摘除，对生产影响较大。一般认为发病原因是缺钙，整块番茄都得了脐腐病或与品种有关，或与田间的肥水管理等有关。

因此，要选用不易得脐腐病的品种，要基施钙肥，加强田间的肥水

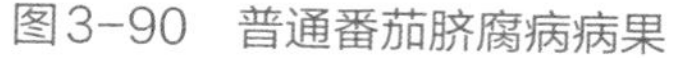

图3-90　普通番茄脐腐病病果

图3-91　樱桃小番茄脐腐病病果

均匀供应，及时补施硼钙肥。当番茄头穗花结果后，可叶面喷洒1%的过磷酸钙、或0.5%氯化钙加5毫克/升萘乙酸、0.1%硝酸钙及1.4%复硝酚钠水剂5000～6000倍液，10天左右喷1次，连喷3～5次。使用氯化钙及硝酸钙时，不可与含硫的农药及磷酸盐（如磷酸二氢钾）混用，以免产生沉淀。建议多喷氨基酸叶面肥，增施钾肥与硼肥；也可叶面喷施镁肥、钙肥、硼肥。

158.大棚种番茄要谨防筋腐病的发生

问：长出来的番茄果实表面有茶褐色坏死斑（图3-92），剖开病果可见果实的维管束呈黑褐色或茶褐色条状坏死（图3-93），这样的果实没有商品性，打了不少杀菌防虫的药都不见效，请问是什么原因?

图3-92　番茄筋腐病病果

图3-93　番茄筋腐病病果纵剖面

答：这是番茄筋腐病，是一种生理性病害，在大棚栽培中经常发生，主要与栽培管理有关。如光照不足、空气滞留、温度低湿度高时空气中二氧化碳含量偏低、夜温偏高等因素均易导致番茄植株内碳水化合物合成相对减缓，容易发生筋腐病。土壤中氮、磷、钾比例失调，易导致维管束木质化而发生筋腐病。冬春季节番茄长期处在低温寡照条件下，植株光合作用较弱，再加上受土壤温度低的影响，植株对养分的吸收能力较弱，导致光合产物积累减少，容易发生番茄筋腐病。种植番茄的土壤浇水过量或土壤含水量过高，使土壤通透性不好，妨碍番茄植株根系吸收，养分转移受抑制，导致番茄植株养分失调，则该病发生严重。

因此，要防止筋腐病的发生，就要搞好综合防治。

一是选好品种。因地制宜选用抗耐病的番茄品种，目前国产品种较国外引进品种抗筋腐病。熟性较晚、果实发育较慢的品种抗病，粉果型较红果型抗病，小果型比大果型抗病。

二是培育壮苗。科学确定播种期、定植期，不要过早播种，以避开低温寡照的生长季节。苗期最低温度不能长期低于 10℃，高温不宜超过 25℃。定植后以 13 ~ 27℃为好。

三是增强光照。选用透光率高、保温性能好的覆盖材料，及时清除膜面灰尘，保持薄膜清洁。适当稀植，防止栽培过密，增加行间透光率，改善光照条件。

四是加强栽培管理。定植前精细整地。定植后要控水控肥注意蹲苗。及时中耕，防止土壤板结。适当稀植，适时整枝打杈，及时摘除病叶。避免地膜紧贴地面，避免全棚覆盖地膜。

五是加强温度管理。番茄白天最佳生长温度为 25 ~ 28℃，夜间为 15 ~ 18℃。冬季应千方百计保温，夏季应想方设法降温。夏季集中出现的筋腐果多与气候有关，当天气转凉筋腐果会自然减少或消失。

六是科学施肥。增施农家肥，减少氮肥。冬季冲施水溶肥时，应选用硝态氮含量高的水溶肥。增施磷钾肥。果实膨大期少施氮肥，补施硼肥，多施钾肥和铁肥。可叶面喷施液体硼 800 ~ 1500 倍液，或磷酸二氢钾 2000 倍液，或葡萄糖 500 倍液 + 磷酸二氢钾 1000 倍液的混合液，或磷酸二氢钾 1000 倍液和氨基酸钙 1500 倍液的混合液，或金维素 800 倍液，或邦龙鱼蛋白有机肥 80 倍液，或农乐 2000 倍液等叶面肥。

七是适时浇水。看天、看地、看作物，适时适量浇水。冬季注意浇小水。有条件的采用膜下暗灌或微滴灌，忌大水漫灌，雨后及时排水。

八是注意防治病毒病（注意筋腐病与病毒病病果的区别，病毒病一般会有花叶、条斑等全株性症状，筋腐病仅在果实上产生症状，而在植株茎叶上一般不产生症状）。

159.高温季节注意防治斜纹夜蛾

问：番茄上的这种黑虫子叶子、果实都吃（图 3-94 ~图 3-97），打了好几次药都没有效果，请问有什么好办法吗？

图3-94　斜纹夜蛾为害番茄田间发生状

图3-95　斜纹夜蛾幼虫为害番茄叶片正面

图3-96　刚孵化的斜纹夜蛾幼虫为害番茄叶片背面

图3-97　斜纹夜蛾幼虫为害番茄果实

答：这种黑虫子叫斜纹夜蛾，是高温季节的一种暴食性害虫，几乎什么蔬菜都为害，甚至连草都吃。要想治好这种虫，要多管齐下，药剂要轮换使用，在其早、晚活动时喷药。一是对于成片的基地，建议利用成虫的趋光性、趋化性进行诱杀，如采用黑光灯、频振式杀虫灯诱蛾。

二是化学防治，最佳防治期是卵盛孵期至 2 龄幼虫始盛期。可选用 10% 虫螨腈悬浮剂 1500 倍液，或 0.8% 甲氨基阿维菌素乳油 1500 倍液，或斜纹夜蛾核型多角体病毒制剂 800 ～ 1200 倍液，或 15% 茚虫威悬浮剂 4000 倍液，或 5% 虱螨脲乳油 800 倍液，或 2.5% 多杀霉素悬浮剂 1200 倍液，或 2.5% 联苯菊酯乳油 2000 倍液，或 5% 氟啶脲乳油 2000 倍液等喷雾防治。

参考文献

[1] 王迪轩．辣椒茄子番茄优质高效栽培技术问答．北京：化学工业出版社，2014.

[2] 孙茜，范妍芹．图说棚室辣（甜）椒栽培与病虫害防治．北京：中国农业出版社，2009.

[3] 王久兴．图说番茄栽培关键技术．北京：中国农业出版社，2010.

[4] 孙茜．茄子疑难杂症图片对照诊断与处方．北京：中国农业出版社，2006.

[5] 王迪轩．疫情期间蔬菜生产问题解析（一）．长江蔬菜，2020，7：56-60.

[6] 何永梅，王迪轩，徐丽红．早春蔬菜生产常见问题解析．长江蔬菜，2020，9：61-65.

[7] 王迪轩，何永梅，蔡灿然．疫情期间蔬菜春播春种常见问题解析．长江蔬菜，2020，11：1-5.

[8] 王迪轩．湘北地区初夏蔬菜生产常见问题与解析．长江蔬菜，2020，13：51-62.

[9] 李宝聚．蔬菜病害诊断手记．2 版．北京：中国农业出版社，2021.